麋鹿解剖学

Anatomy of Milu (*Elaphurus davidianus*)

钟震宇　白加德　编著

科学出版社
北　京

内 容 简 介

麋鹿为中国特有的鹿类动物，现生达氏麋鹿是麋鹿属（共5种）中唯一幸存的物种，其经历过在原产地灭绝又复壮的特殊历史，具有重大的研究价值。全书分为14章，内容包括绪论、骨骼、骨的连结、肌肉、消化系统、呼吸系统、泌尿系统、生殖系统、心血管系统、免疫系统、内分泌系统、神经系统、感官和被皮等，共配有近200幅彩色实物照片。本书从形态学的角度对麋鹿进行了大体解剖，为麋鹿的研究和保护奠定了必要的基础。

本书可供生物学、野生动物保护、动物医学等学科领域的研究人员、研究生，以及从事动物生命科学的科普人员参考。

图书在版编目（CIP）数据

麋鹿解剖学/钟震宇，白加德编著. —北京：科学出版社，2019.3

ISBN 978-7-03-060360-9

Ⅰ. ①麋…　Ⅱ. ①钟…②白…　Ⅲ. ①麋鹿-动物解剖学
Ⅳ. ①Q959.842

中国版本图书馆CIP数据核字（2018）第300910号

责任编辑：岳漫宇　付丽娜 / 责任校对：郑金红
责任印制：吴兆东 / 封面设计：图阅盛世

科学出版社 出版
北京东黄城根北街16号
邮政编码：100717
http://www.sciencep.com

北京建宏印刷有限公司 印刷

科学出版社发行　各地新华书店经销

*

2019年3月第　一　版　开本：720×1000　1/16
2019年3月第一次印刷　印张：12 3/4
字数：262 000

定价：198.00元

（如有印装质量问题，我社负责调换）

《麋鹿解剖学》编写委员会

主　　任：钟震宇　白加德

副 主 任：郭青云　单云芳

编写人员（按姓氏拼音排序）：

白加德　北京麋鹿生态实验中心

曹　静　中国农业大学动物医学院

程志斌　北京麋鹿生态实验中心

董玉兰　中国农业大学动物医学院

郭青云　北京麋鹿生态实验中心

李俊芳　北京麋鹿生态实验中心

李鹏飞　湖北石首麋鹿国家级自然保护区

刘　田　北京麋鹿生态实验中心

单云芳　北京麋鹿生态实验中心

王丽斌　北京麋鹿生态实验中心

王子旭　中国农业大学动物医学院

张昌盛　北京自然博物馆

钟震宇　北京麋鹿生态实验中心

序

麋鹿是原产于我国的大型湿地鹿类动物，属于国家一级重点保护动物。1900年在中国本土灭绝。麋鹿重引入30多年来，北京麋鹿生态实验中心通过湿地生态系统恢复、麋鹿生物学研究与技术集成、迁地保护种群建立三项举措，先后闯过了繁育保种、饲养管理、疾病防控三道难关，使麋鹿保护种群不断复壮。麋鹿被成功保护引起了世人的关注，并产生了显著的生态效益、经济效益和社会效益。麋鹿保护也因此被誉为“世界野生动物保护的中国样板”。

党的十九大报告提出，加快生态文明体制改革，建设美丽中国。习近平同志指出，人与自然是生命共同体，人类必须尊重自然、顺应自然、保护自然。生态文明建设功在当代、利在千秋。

保护生物多样性和国家生物战略资源，维护国土生态安全，促进人与自然和谐，是推进生态文明、建设美丽中国的具体实践和有效措施。麋鹿的回归，对北京南海子地区、长江中下游及江苏黄海滩涂等地区湿地生态保护发挥了至关重要的作用。

从麋鹿重引入以来，麋鹿保护科研工作者开展了大量的繁殖、行为、栖息地生态等领域的研究工作。21世纪以来，麋鹿相继发生了几次较大规模的死亡事件，麋鹿疾病才逐渐受到科研人员的关注。北京麋鹿生态实验中心科研人员长期从事麋鹿保护工作，对死亡麋鹿进行了大量的解剖工作。“麋鹿解剖标本制作”项目获得了北京市财政局立项资助，钟震宇等对麋鹿的各个器官解剖结构进行了全面系统地研究，获得了大量第一手、珍贵的解剖数据和照片，通过整理，于近期完成了《麋鹿解剖学》书稿。

该书比较系统地介绍了麋鹿各系统、器官的位置、形态、结构和功能，书中首次全面描述了麋鹿的神经系统、心血管系统、内分泌系统、免疫系统等内容，是目前最全的一部麋鹿解剖学原创性专著，可供麋鹿保护和研究的专家、学者借鉴，也可供鹿类动物养殖、科普单位和个人参考。该书的出版，对于推动我国麋鹿保护事业的发展，具有重要的理论和实践意义。

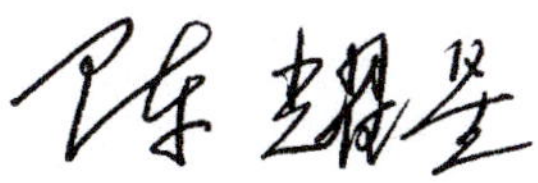

2018年10月

前　言

麋鹿（*Elaphurus davidianus*）俗称“四不像”，是国家一级保护动物，起源于中国。动物分类学家将它归类为鹿科、麋鹿属。历史上麋鹿属共有 5 个物种，即双叉种（*E. bifurcatus*）、蓝田种（*E. lantianensis*）、台湾种（*E. formosanus*）、晋南种（*E. chinanensis*）、达氏种（*E. davidianus*），现存者为达氏种。

已出土的野生麋鹿化石表明，麋鹿起源于 200 多万年前，约 1 万年前到距今约 3000 年时最为昌盛，数量达到上亿只，但在距今约 3000 年的商周时期以后迅速衰落，直到明清时期野生麋鹿绝迹。所幸，英国乌邦寺庄园主贝福特公爵八世收集了当时仅存的 18 只麋鹿，麋鹿这一物种得以挽救。新中国成立以后，我国曾尝试引入并恢复麋鹿种群，1956 年引入了 8 只麋鹿，但由于各种原因，麋鹿种群没有壮大。

1985 年，麋鹿第一次大规模重引入项目开始实施，首批 20 只麋鹿从英国乌邦寺出发，回到了麋鹿发现地、灭绝地——北京南海子，此次麋鹿重引入得到了国家政府和社会的支持，在保护人员的精心策划和保护下，麋鹿迅速发展，建立了人工繁殖种群，并且在湖北石首成功重建了可自我维持的野生种群。2017 年年底，我国麋鹿数量达到了 6000 多只，其中野生麋鹿约 1000 只。麋鹿是湿地生态系统中的旗舰物种，麋鹿的成功保护产生了巨大的社会影响，得到了政府、社会公众的关注和支持，我国以麋鹿为主建立了多个生态公园、湿地公园和自然保护区，极大地带动和促进了当地生态环境的保护。

2010 年前后，包括野生麋鹿在内的多个麋鹿种群发生疾病，大批量死亡，科学研究者和保护人士高度重视麋鹿的疾病研究，但是关于麋鹿的解剖学等基础学科存在研究空缺，使得麋鹿的疾病研究进展缓慢。2016 年，在北京市财政项目的支持下，由北京麋鹿生态实验中心和中国农业大学合作对麋鹿解剖学进行了系统研究。

为促进麋鹿的保护和研究，我们对麋鹿的解剖结构进行了系统地观察、测量和图片收集，本书按照生命系统分类对麋鹿的大体解剖结构全面地进行了描述和编写。本书比较系统地介绍了麋鹿各系统、器官的位置、形态、结构和功能，书中首次全面地描述了麋鹿的神经系统、心血管系统、内分泌系统、免疫系统等内容，是目前关于麋鹿解剖结构最全的一本专著，可供麋鹿保护和研究的专家、学者借鉴，也可供鹿类动物养殖、野生动物科普的单位和个人参考，有益于进一步推动麋鹿的研究和保护工作。

由于麋鹿是国家一级重点保护动物，因此，所有的解剖尸体均来源于自然死亡麋鹿，部分组织器官存在一定的病理状态，在测量、描述和拍摄图片时，我们尽量选择无病理或者病理轻微的器官。麋鹿的解剖工作主要由钟震宇、刘田、郭青云、白加德、单云芳、李俊芳、程志斌、王丽斌等完成，解剖期间，中国农业大学陈耀星教授、佘锐萍教授及其教研组对麋鹿解剖工作进行了大量的技术指导。本书共分为14章，第一章由白加德、钟震宇、程志斌等编写；第二章由钟震宇、曹静、刘田等编写；第三章由钟震宇、白加德、张昌盛等编写；第四章由钟震宇、王子旭、张昌盛等编写；第五章由钟震宇、董玉兰、郭青云等编写；第六章由钟震宇、白加德、李鹏飞等编写；第七章由白加德、钟震宇、李俊芳等编写；第八章由白加德、钟震宇、李俊芳等编写；第九章由郭青云、钟震宇、王子旭等编写；第十章由单云芳、钟震宇、郭青云等编写；第十一章由钟震宇、刘田、单云芳等编写；第十二章由郭青云、钟震宇、李鹏飞等编写；第十三章由钟震宇、刘田、王丽斌等编写；第十四章由钟震宇、白加德、程志斌等编写。解剖图片由钟震宇、郭青云和刘田拍摄并编辑。

在麋鹿解剖和书稿编写过程中，得到了北京市财政项目（PXM2016_178218_000005、PXM2015_178218_000005）、2017年野生动物疫源疫病监测和预警维护项目、国家自然科学基金（NSFC41475133）等项目的资助。

在本书的编著过程中，得到了中国农业大学陈耀星教授、佘锐萍教授，北京动物园张成林副园长对麋鹿解剖的技术指导，以及中国科学院动物研究所蒋志刚教授、长江大学麋鹿健康与生境研究合作中心朱建强教授的大力支持，在此表示衷心的感谢！

北京麋鹿生态实验中心刘艳菊、成海涛、郭耕、段建彬、孟玉萍、赵晓君、胡冀宁、宋苑、张树苗、吕志强、张林源、唐宝田、张鹏骞、陈星、孟庆辉、朱明淏、杨峥、包海元、王建昌、杨小利、于付智、张宏斌等在后勤保障和标本的处理工作上给予帮助，在此一并向大家表示感谢！

由于我们的水平有限，以及麋鹿作为国家一级重点保护动物解剖材料的限制，恐挂一漏万，我们希望抛砖引玉，向国内外专家学者和广大读者朋友学习求教，书中不足之处恳请读者批评指正。

编著者

2018年7月8日于北京

目　录

第一章
绪　论

第一节　麋鹿的定名和分类地位

鹿在分类学上属于脊索动物门、脊椎动物亚门、哺乳纲、兽亚纲、真兽次亚纲、偶蹄目、反刍亚目、鹿科动物。分布于我国的鹿科动物分为9属20多种，即麋鹿、豚鹿、梅花鹿、水鹿、白唇鹿、马鹿、坡鹿、狍、驼鹿、驯鹿、黑麂、小麂、赤麂、毛冠鹿和獐等。麋鹿是鹿科动物麋鹿属中的一个种。

据文献记载，麋鹿属动物的化石主要在中国、日本和朝鲜出土。中国麋鹿属化石分类有5种，其中双叉种、晋南种、蓝田种和台湾种早已灭绝。现存的麋鹿（*Elaphurus davidianus*）是麋鹿属5个种中唯一存活的一个种，在分类地位中显得非常重要。麋鹿的科学发现时间为1865年，由法国神父Père Armand David在北京南海子发现，为纪念其科学发现，麋鹿的英文名为Père David's deer。麋鹿在古典中记载为麋，因其脸似马、角似鹿、尾似驴、蹄似牛（图1-1），故麋鹿在我国又俗称“四不像”。

图1-1　雄性麋鹿的外形

第二节 我国麋鹿的分布

曹克清等 (1990) 根据麋鹿角和骨骼化石分析，认为我国麋鹿的化石出土地点覆盖了辽宁以南的中国东部地区，包括广东、湖南、湖北、江苏、浙江、江西、安徽、河南、河北、上海、天津、北京、辽宁等地区，栖息活动范围主要在现今的长江中下游和淮河流域一带（表 1-1）。丁玉华 (2004)、白加德 (2014) 报道现已发现的麋鹿化石分布点在 300 个以上（截至 2010 年），从中可确认古麋鹿的地理分布范围：西达陕西的渭河流域，北达东北大平原，向南至台湾中部一线，东可达中国东部沿海平原和岛屿，原生麋鹿适应于平原河沼带草地生活。

表 1-1 中国麋鹿地质历史分布（引自白加德编著的《麋鹿生物学研究》）

时代	产地
第四纪（166 万年前）	长江下游流域（现今江苏无锡、安徽安庆等地）
更新世早期（约 73 万年前）	淮河流域下草湾系（现今江苏泗洪附近）
更新世中期（约 13 万年前）	现今安徽北部、江苏南部等地
更新世晚期（约 1 万年前）	现今辽宁、山西、江苏、安徽等地
全新世（约 1 万年前）—商、周（约 3000 年前）	长江、黄河、淮河流域（现今河北、河南、山东、江苏等地）
1900 年	麋鹿种群在中国境内消失

经程志斌等 (2015) 在国外 62 个动物园或保护区的调查中发现，全世界除中国外共有 54 个麋鹿饲养点分布于 25 个国家，麋鹿数量达 1022 只。1985 年，我国麋鹿重引入以后，麋鹿种群数量快速增长，至 2015 年 9 月，我国已经在 95 个地点建立了麋鹿迁地种群，在湖北石首市、江苏大丰市、湖南洞庭湖重建了 4 个稳定、独立的野外自然生活的麋鹿种群（表 1-2）。2017 年年底，全国麋鹿数量达到了 6000 只，其中野生麋鹿超过了 1000 只。

表 1-2 我国现生麋鹿种群数量及分布情况表（引自程志斌，2015）

编号	分布地名称	现有种群	种源	调查时间（年 . 月）
1	北京麋鹿苑	159	英国	2015.9
2	天津七里海国家湿地公园	18	北京麋鹿苑	2014.5

续表

编号	分布地名称	现有种群	种源	调查时间（年．月）
3	海南热带野生动植物园	26	北京麋鹿苑	2015.9
4	海南枫木鹿场	7	北京麋鹿苑	2014.5
5	浙江慈溪杭州湾国家湿地公园	26	北京麋鹿苑	2014.5
6	湖北石首麋鹿国家级自然保护区	1100	北京麋鹿苑	2014.5
7	河北滦河上游国家级自然保护区	5	北京麋鹿苑	2015.9
8	合肥野生动物园	1	北京麋鹿苑、上海动物园	2015.9
9	辽阳千山呈龙科技有限公司	27	北京麋鹿苑	2014.5
10	广东清远根本农业科技扶贫有限公司	1	北京麋鹿苑	2014.5
11	武汉动物园	15	北京麋鹿苑	2014.5
12	长春动植物公园	10	北京麋鹿苑	2015.9
13	北京动物园	8	北京麋鹿苑、英国	2015.9
14	秦皇岛野生动物园	6	北京麋鹿苑等	2015.9
15	盐城市人民公园	6	北京麋鹿苑、上海动物园	2014.5
16	国有原阳林场	31	北京麋鹿苑、江苏大丰保护区、信阳南湾实验林场	2014.5
17	昆明动物园	6	北京麋鹿苑	2015.9
18	荣成西霞口动物园	3	北京麋鹿苑	2015.9
19	济南跑马岭野生动物世界	12	北京麋鹿苑	2015.9
20	济南动物园	11	北京麋鹿苑	2014.5
21	鄱阳湖国家湿地公园	12	北京麋鹿苑	2015.9
22	宜昌儿童公园	0	北京麋鹿苑	2015.9
23	石家庄动物园	0	北京麋鹿苑、北京动物园	2015.9
24	天津动物园	11	北京麋鹿苑、北京动物园	2015.9
25	襄阳动物园	不详	北京麋鹿苑	2014.5
26	广州动物园	0	北京麋鹿苑	2014.5
27	保定动物园	11	北京麋鹿苑、北京动物园	2015.9
28	北京野生动物园	8	北京麋鹿苑、北京动物园	2015.9
29	广州长隆野生动物世界	有	北京麋鹿苑	2014.5
30	浙江大学国家濒危野生动植物基因保护中心的临安繁殖研究基地	100	北京麋鹿苑	2014.5
31	河南省信阳市南湾实验林场	0	北京麋鹿苑	2015.9
32	湖北赤壁陆水湖风景区	有	北京麋鹿苑	2014.5
33	北京稻香湖公园	0	北京麋鹿苑	2015.9
34	成都野生世界	有	北京麋鹿苑、上海野生动物园	2014.5
35	北京怀柔鹿世界主题公园	10	北京麋鹿苑	2015.3
36	江苏省大丰麋鹿国家级自然保护区	2818	英国	2015.9

续表

编号	分布地名称	现有种群	种源	调查时间（年.月）
37	常熟尚湖风景区	3	江苏省大丰麋鹿国家级自然保护区	2015.9
38	苏州绿光农场	72	江苏省大丰麋鹿国家级自然保护区	2011
39	苏州上方山国家森林公园	15	江苏省大丰麋鹿国家级自然保护区	2011
40	上海野生动物园	0	江苏省大丰麋鹿国家级自然保护区	2015.9
41	江苏溱湖国家湿地公园	110	江苏省大丰麋鹿国家级自然保护区	2015.9
42	泰州泰山公园	15	江苏省大丰麋鹿国家级自然保护区	2015.9
43	安徽颍上八里河风景区	9	江苏省大丰麋鹿国家级自然保护区	2015.9
44	泗阳生态公园	17	江苏省大丰麋鹿国家级自然保护区	2011
45	刘公岛国家森林公园	4	江苏省大丰麋鹿国家级自然保护区	2015.9
46	厦门海沧野生动物园	6	江苏省大丰麋鹿国家级自然保护区	2015.9
47	湖南东洞庭湖国家级自然保护区	70	湖北石首麋鹿国家级自然保护区	2014.5
48	哈尔滨北方森林动物园	0	北京动物园	2015.9
49	佳木斯市水源山公园	5	沈阳森林动物园	2015.9
50	齐齐哈尔市龙沙动植物园	3	佳木斯市水源山公园	2015.9
51	鸡西动植物园	4	长春市动植物公园	2015.9
52	白城市森林公园	0	—	2015.9
53	延吉市人民公园	0	—	2015.9
54	沈阳森林野生动物园	14	—	2015.9
55	大连森林动物园	4	北京动物园	2015.9
56	丹东市锦江山公园	0	—	2015.9
57	锦州市动物园	3	—	2015.9
58	葫芦岛市龙背山森林公园	0	—	2015.9
59	张家口市宣化人民公园	不详	保定动物园	2015.9
60	呼和浩特大青山野生动物园	0	—	2015.9
61	赤峰市长青公园	0	—	2015.9
62	太原动物园	6	北京动物园、天津动物园	2015.9
63	临汾市人民公园	0	—	2015.9
64	上海动物园	7	北京动物园、北京麋鹿苑	2015.9
65	临沂动植物园	2	青岛动物园、济南跑马岭野生动物园	2015.9
66	青岛动物园	3	北京动物园、济南动物园	2015.9
67	德州市人民公园	2	保定动物园	2015.9
68	烟台市南山公园	5	—	2015.9
69	南京市红山森林动物园	有	—	2015.9
70	无锡动物园太湖欢乐园	有	—	2015.9

续表

编号	分布地名称	现有种群	种源	调查时间（年.月）
71	苏州动物园	1	北京动物园、上海动物园、苏州上方山森林公园	2015.9
72	徐州市动物园	4	盐城动物园	2015.9
73	扬州动物园	6	—	2015.9
74	南通市文峰公园	1	—	2015.9
75	常州市淹城野生动物世界	34	—	2015.9
76	如皋市水绘园风景区	0	—	2015.9
77	蚌埠市张公山动物园	1	南通野生动物园	2015.9
78	温州动物园	0	—	2015.9
79	南昌动物园	3	合肥野生动物园	2015.9
80	福州动物园	1	济南动物园	2015.9
81	深圳野生动物园	0	—	2015.9
82	长沙动物园	0	—	2015.9
83	湘潭市和平公园	0	—	2015.9
84	郑州动物园	1	上海动物园	2015.9
85	新乡市人民公园	2	濮阳动物园	2015.9
86	安阳市人民公园	4	西霞口野生动物园	2015.9
87	成都市动物园	10	合肥野生动物园、北京动物园	2015.9
88	重庆动物园	0	—	2015.9
89	重庆野生动物世界	0	非洲	2015.9
90	西安秦岭野生动物园	0	北京动物园	2015.9
91	西宁动物园	2	—	2015.9
92	雅安碧峰峡野生动物园	不详	上海野生动物园	2015.9
93	河南濮阳动物园	0	北京野生动物园	2015.9
94	吉林龙潭山鹿场	不详	北京麋鹿苑	2015.9
95	江苏盐城湿地珍禽国家级自然保护区	不详	北京麋鹿苑	2015.9
总计		4898		

注：有，确定有麋鹿，数量未知；不详，不知有没有；—，未知来源。

第三节　麋鹿的形态和生态特点

麋鹿是大型鹿类，体长约 1.7m，肩高约 1.2m。雄鹿体形较大，体重约 200kg，最大可达 300kg。雌鹿体形较小，体重约 150kg，最大可达 190kg。

雄鹿一周岁以后长角，成年麋鹿角型特殊，前第一枝直立、分出几个粗壮分枝，后第一枝向后上方伸展，单个角可倒立，麋鹿的这个特点不同于其他鹿角（图 1-2）。雌鹿不长角。麋鹿脸较长，眶下腺大而明显。麋鹿颈和背比较粗壮，四肢粗大。主蹄宽大能分开，趾间有皮腱膜，两个侧蹄发达，适宜在沼泽湿地行走。麋鹿尾长约 30cm，为鹿科中尾最长的种类。尾端有长毛，下垂时达踝关节。夏毛棕红色，冬毛棕灰色；初生幼仔毛色橘黄，躯体两侧有白斑。

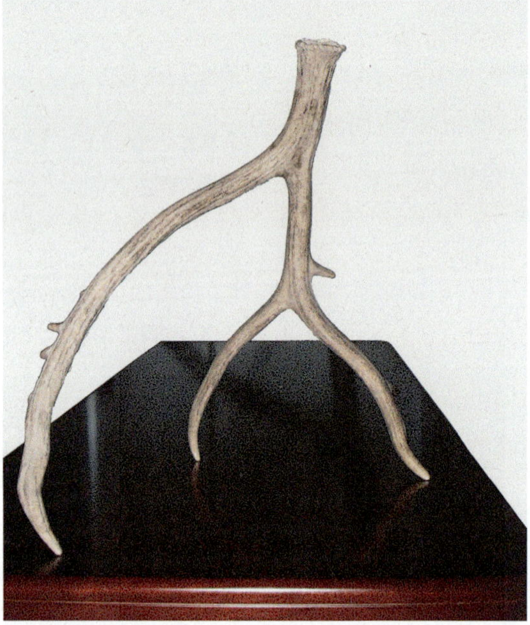

图 1-2　倒立麋鹿角

麋鹿性情温和，胆小，反应灵敏，易受惊吓；行动敏捷，善奔跑；嗅觉和听觉灵敏。喜栖息于具有浅滩的湿地环境。

麋鹿为反刍动物，食性属于中间型偏粗食者，主要采食各种草本植物、水草，也采食乔木、灌木的嫩枝叶，在食物严重缺乏的季节，还采食树叶、枯草和植物根。当春季草木萌发时，幼叶嫩芽是麋鹿最喜食的饲料，尤其是禾本科和豆科植物。夏天麋鹿喜食各种水草（图 1-3）。冬季除采食草本植物和落叶外，也掘食草根。鹿一般不采食动物性饲料，偶见麋鹿吃鱼，在保护区工作人员也发现麋鹿会采食渔民晾晒的小鱼。鹿与其他反刍动物一样，在不同季节采食量有明显的变化，即春、秋季采食量明显高于冬、夏季。雄鹿在夏季发情期间采食量显著下降，有的甚至数日不吃食物。

图 1-3　麋鹿采食水草

麋鹿属于群居性动物，春季开始成年雄鹿单独成群，雌鹿、幼鹿和亚成体雄鹿成群。夏季由于雄鹿圈占雌鹿群，鹿王将驱逐其他雄鹿，成年和亚成体雄鹿形成光棍群，个别体壮的雄鹿单独活动，成为鹿王挑战者（图 1-4）。在秋季和冬季期间，雄鹿和雌鹿形成混合群。

图 1-4　繁殖群（左）与光棍群（右）

麋鹿妊娠期约为280天，比除狍子（约300天）外的其他鹿类妊娠时间长。在繁殖期开始前或之后参与交配的雌性个体，其妊娠期长短没有差异，不存在胚胎植入上的季节控制。在北京，麋鹿在3月下旬至6月产仔，每胎1仔，新生仔鹿体重约12kg，哺乳期约4个月。雌鹿16个月达到初情期，繁殖年限可达13岁；雄鹿16～18个月可产生成熟精子。麋鹿3～4岁达到体成熟，麋鹿在一年中的高温高湿季节进入发情期，在北京，麋鹿种群发情季节集中在6～8月。麋鹿属于典型的一雄多雌制配偶系统，这种制度被称为“后宫制”。发情雄鹿通过炫耀、角斗等行为进行竞争，群中胜者即占有并控制发情雌鹿群，形成一个“后宫”，而这只优势雄鹿被称为“群主”。在发情交配季节，由1只成年强壮的雄鹿与绝大多数的雌鹿组成繁殖群，其他的雄鹿与剩余的雌鹿组成另外的繁殖群，或者游离繁殖群外。

麋鹿的寿命一般可达10岁以上，据记载圈养麋鹿最长寿命为23岁。由于野生麋鹿已经灭绝了几百年，缺乏自然条件下麋鹿存活年限的数据资料。因此，野生麋鹿的自然寿命还不确定。

第四节　麋鹿的灭绝和保护

古生物学者从出土的化石推算，麋鹿种群在全新世中期达到全盛。而这个时期，人类也走出了森林，适应了草原环境，并逐渐演化成直立的人类，成为最强的生物类群，数量爆炸式增长，挤占了其他动物的生存空间。物产丰富的沼泽湿地，被人类大肆开垦利用，使麋鹿的栖息地不断丧失；麋鹿营养丰富的肉质使它成为人类的狩猎对象，人类的大量捕猎使得麋鹿数量进一步迅速减少，直至几百年前野外灭绝。到清朝末年，全国已经极少有麋鹿的记载，仅有一小群麋鹿在清朝皇家苑囿（南苑）的保护下存留了下来。20世纪初，由于战乱和洪灾等，生活于南苑皇家苑囿中的最后一群麋鹿在中国灭绝。

虽然麋鹿在中国灭绝了，但在世界上仍有少量存在。在1865年，随着Père Armand David发现麋鹿，西方人获知这一独特的鹿，之后几十年间从中国运走了几十只麋鹿。但是，这些麋鹿在西方国家的动物园中过得并不好，数量逐渐减少。在1894～1902年，英国贝福特公爵（Duke of Bedford）八世从欧洲各地收集了世界仅存的18只麋鹿，存养于乌邦寺庄园（Woburn Abbey）。麋鹿在乌邦寺逐渐繁衍起来，到第二次世界大战前总数达到了 450 只，第二次世界大战以后麋鹿开始向世界各国输出。

为了恢复我国麋鹿种群，1956 年和 1973 年，北京动物园从英国引进了 8 只麋鹿，圈养于园内，但是其种群没有发展起来。1985 ～ 1987 年，我国从英国分 3 批引进了 77 只麋鹿，分别放养在北京麋鹿苑和江苏大丰麋鹿国家级自然保护区。此次麋鹿回归故乡，完成了乡土适应，开始大量繁殖，数量迅速增加。在麋鹿种群密度达到饱和时，北京麋鹿苑开始不断输出麋鹿，在其古分布区建立了更多的迁地种群。至 2017 年年底，北京麋鹿苑一共输出了 438 只麋鹿，直接建立种群 34 个。1996 ～ 1998 年，湖北石首麋鹿国家级自然保护区的麋鹿通过自然扩散在石首市和洞庭湖重建了 2 个野生麋鹿种群，结束了几百年来中国没有野生麋鹿的历史。江苏大丰麋鹿国家级自然保护区从 1998 年开始，有计划地向野外释放了 5 批麋鹿，在黄海滩涂上重建了野生麋鹿种群。至 2017 年年底，我国野生麋鹿数量约 1000 只。

第二章
骨　　骼

麋鹿全身骨骼（图 2-1）依部位可分为中轴骨骼和四肢骨骼两部分。中轴骨位于身体正中线上，构成身体中轴，包括头骨和躯干骨；四肢骨位于躯干骨骼两侧，包括前肢骨和后肢骨。

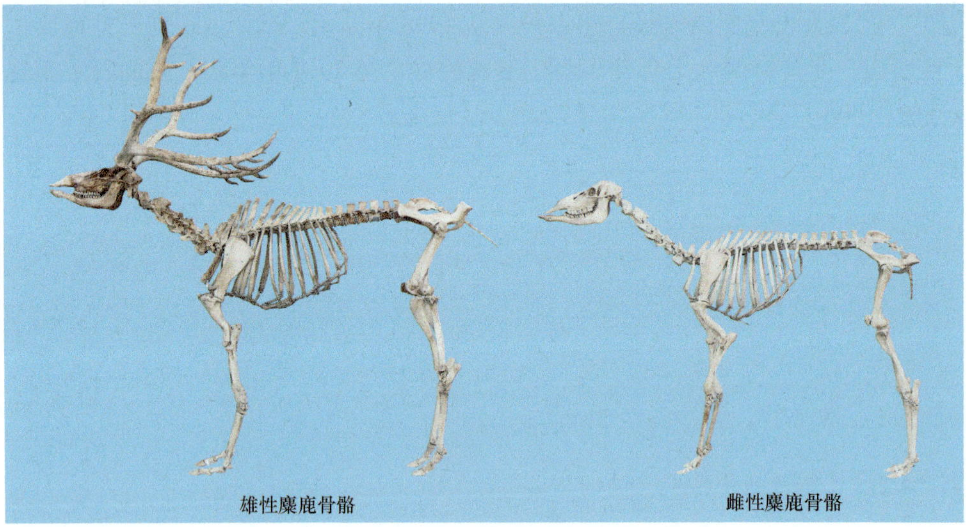

图 2-1　麋鹿骨架

第一节　头部骨骼

麋鹿的头骨（图 2-2，图 2-3）呈长锥形，前小后大，比梅花鹿大且长，成年雄鹿有一对分叉角，雌鹿无角。头部骨骼位于脊柱前方，主要为扁骨和不规则骨，围成腔体，以容纳和保护脑、眼球、耳，并构成消化系统和呼吸系统的起始部。

1. 颅骨（*Ossa cranii*）　颅骨位于头的后上方，构成颅腔和听觉及平衡觉的支

图 2-2　雄性麋鹿头骨（正面观）

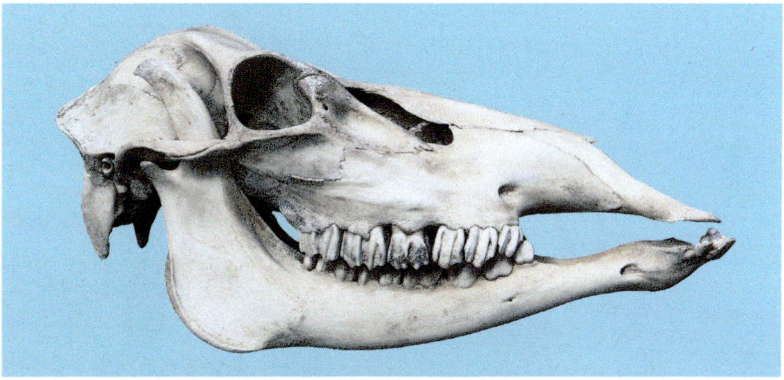

图 2-3　雌性麋鹿头骨（侧面观）

架，由成对的额骨、顶骨、颞骨（各两块）和不成对的顶间骨、蝶骨、筛骨和枕骨共 10 块骨组成。

顶骨（*Os parietale*）位于颅部的背侧面，在额骨和枕骨之间（图 2-4），构成颅腔顶壁的大部分，参与形成颞窝。顶骨由前上方向后下方倾斜，外面凸，脑面凹，因此，麋鹿头背侧面呈隆起状。

顶间骨（*Os interparietale*）位于左、右顶骨和枕骨之间，出生前与顶骨愈合，

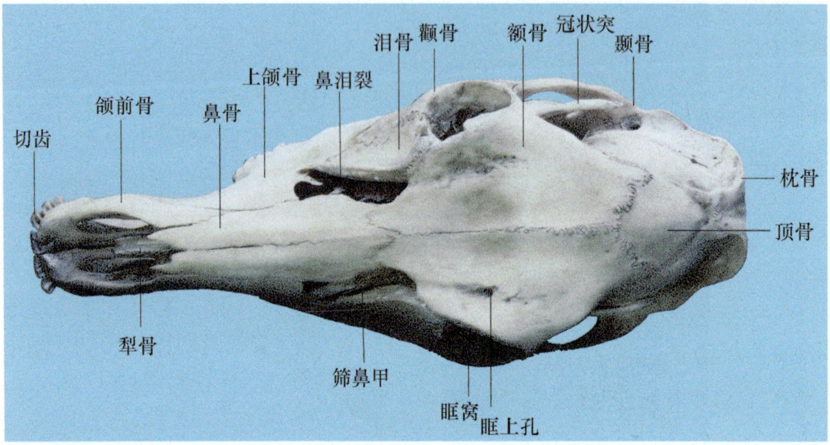

图 2-4 雌性麋鹿头骨（顶侧观）

外观不可分辨。

枕骨（*Os occipitale*）位于头的后部，构成颅腔的后壁和部分底壁（图 2-4）。枕骨由枕骨体、二侧部和鳞部组成（图 2-5）。枕骨体位于枕骨大孔的前下方，构成颅腔底壁。枕骨体短而宽，肌结节发达。侧部位于枕骨大孔两侧和

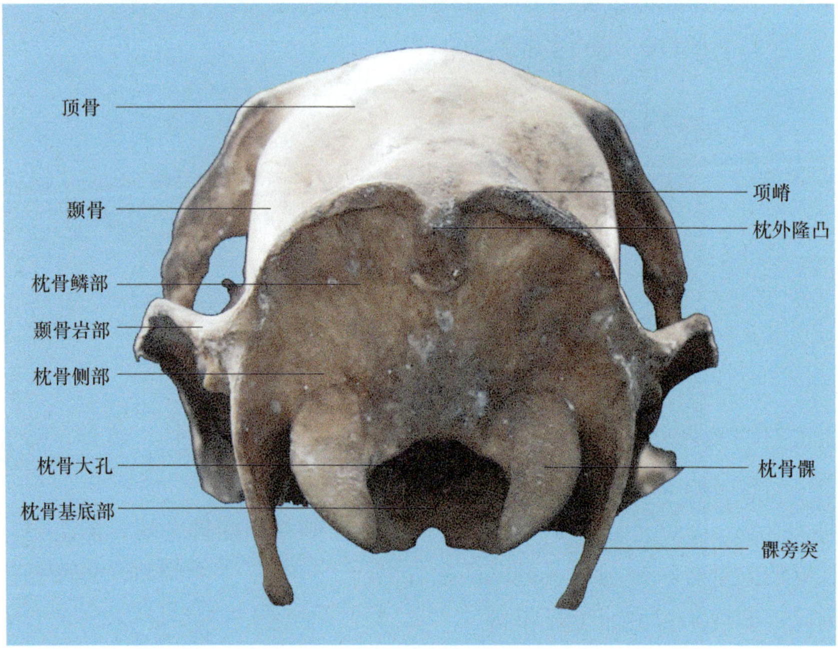

图 2-5 麋鹿的头骨（后面观）

背侧的一小部分，有卵圆形的关节面，称枕骨髁，与寰椎的关节窝形成关节，髁的外侧有向下伸的髁旁突。鳞部位于侧部的背侧，连结顶间骨和顶骨。枕骨后端正中有枕骨大孔，前通颅腔，后通椎管。

蝶骨（*Os sphenoidale*）构成颅腔底壁的前部，由一骨体、两对翼（眶翼和颞翼）和一对翼突构成，状如蝴蝶（图 2-6）。骨体位于正中，为上下略扁的圆柱体。

颞骨（*Os temporale*）位于枕骨前方、顶骨的外侧方，构成颅腔的侧壁（图 2-4 ～图 2-7），分为鳞颞骨和岩颞骨。鳞颞骨是构成颅腔侧壁的薄板状骨，

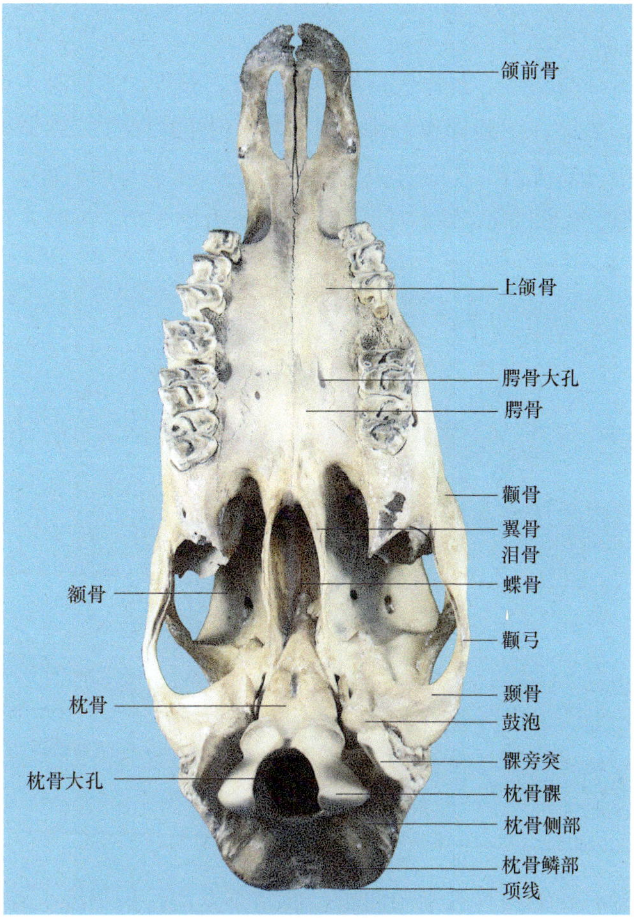

图 2-6　颅骨（腹侧面）

外侧面凸，有向外前方伸出的颧突。颞突腹侧面有横行关节面，称颞髁，与下颌骨形成颞下颌关节。岩颞骨呈角锥形，位于鳞颞骨和枕骨之间，是听觉和平衡觉器官的所在部位。在颞骨鳞部凹形的背外侧面上有数个通往颞管的小孔。鼓泡大

而向后下方突出，骨质外耳道较发达。

额骨（*Os frontale*）前接鼻骨和筛骨，后接顶骨，侧接颞骨（图 2-4，图 2-7）。额骨的前部有向两侧伸出的眶上突，构成眼眶的上界。额骨特别发达，占据了头骨背侧的大部分，构成颅腔的整个顶壁。麋鹿的额骨内不形成额窦。雄性麋鹿在额骨后上方具有角突（图 2-2）。雌性麋鹿的额骨不形成角突（图 2-3）。

筛骨（*Os ethmoidale*）由筛板、垂直板和筛骨迷路组成，构成颅腔的前壁，与嗅脑直接连结，筛骨的形态构造与牛筛骨基本相似，麋鹿筛鼻甲前伸至鼻腔 1/2 处。

2. 面骨（*Ossa faciei*） 面骨包括鼻骨、泪骨、颧骨、颌前骨、上颌骨、翼骨、腭骨、鼻甲骨、犁骨、下颌骨和舌骨等 21 块骨 (图 2-7)。

上颌骨（*Os maxillare*）是面骨中最大的一块，几乎与所有面骨相连结，分为骨体和腭突（图 2-4，图 2-6，图 2-7）。骨体位于鼻骨的下方，在颧骨和泪骨的前方，

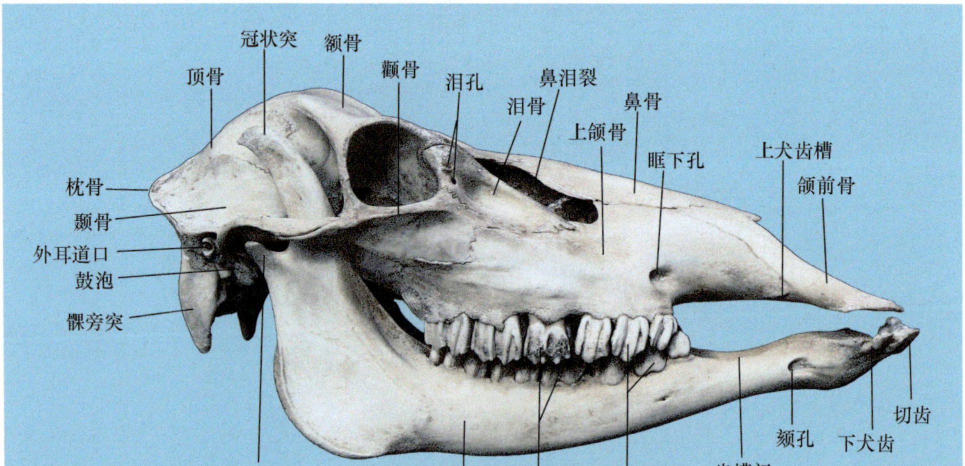

图 2-7　雌性麋鹿头骨（侧面观）

构成鼻腔的侧壁；外侧面有纵走的面嵴，面嵴不发达；齿槽缘上有颊齿槽。腭突是骨体内侧下部向正中伸出的水平状骨板，构成硬腭的骨质基础，将口腔和鼻腔分开。上颌骨内有发达的上颌窦。眶下孔位置靠下，位于第 1 前臼齿的背侧。上颌骨与颌前骨之间下缘具有犬齿槽，左右各一个退化的犬齿。

颌前骨（*Os premaxillare*）又称切齿骨（*Os incisivum*），颌前骨左右两侧不愈合，

位于上颌骨的前方，分为骨体、腭突和鼻突三部分（图 2-4，图 2-6 ～图 2-8）。前端为骨体，无切齿槽。腭突呈薄板状，由骨体向后伸，后端接上颌骨的腭突。鼻突由骨体向后上方延伸，其后端嵌入上颌骨和鼻骨之间。

鼻骨（*Os nasale*）在额骨的前方，构成鼻腔的顶壁（图 2-4，图 2-7，图 2-8）。鼻骨为沟状骨板，背侧凸而平滑，鼻腔面凹，有供上鼻甲骨附着的嵴。鼻骨后半部较宽大，前部较狭。前端游离，以两个突起而终止，其中外侧的较宽。

颧骨（*Os zygomaticum*）位于泪骨腹后侧，构成眼眶的前下部，外侧面有纵走的面嵴（图 2-4，图 2-6 ～图 2-8）。颧骨有两个突起，颞突参与颧弓的形成，位于颞骨颧突的腹侧，背侧的额突与额骨颧突相连，构成眼眶后界。

泪骨（*Os lacrimale*）位于眼眶的前部、上颌骨的后上方，构成眼眶的前部（图 2-4，图 2-6 ～图 2-8）。在泪骨的眶缘上有两个泪孔，牛等反刍动物只有一个鼻泪管开口。在泪骨的颜面上有较深的外窝，被皮含气味腺，称为眶下腺。泪骨内侧腔窝与上颌窦相通。

腭骨（*Os palatinum*）位于鼻后孔的前方和两侧，分为水平部和垂直部（图 2-6）。水平部相当宽大，附着于上颌骨腭突之后，与上颌骨和颌前骨的腭突共同形成硬腭的骨质基础。垂直部构成鼻后孔的外侧壁。在鹿的腭骨内不形成

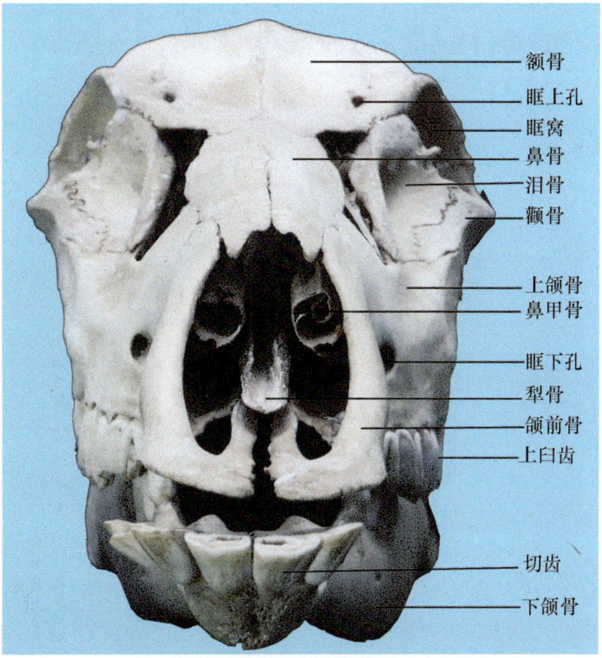

图 2-8　雌性麋鹿头骨（前面观）

腭窦。

翼骨（*Os pterygoideum*）是狭窄的薄骨板，背侧部相当宽大，达于蝶骨体。下端较狭窄，位于鼻后孔（的两侧）后缘（图 2-6）。

犁骨（*Os vomer*）为单骨，位于鼻腔底壁和鼻后孔的正中线上（图 2-8）。背侧缘有犁骨沟，容纳鼻中隔软骨。腹侧缘薄，前部位于鼻腔底壁的正中线上，后 1/3 游离，犁骨和鼻中隔将鼻孔分为左、右两半。

鼻甲骨（*Ossa conchae nasalis*）为两对卷曲状的薄骨片，形成鼻腔黏膜的支架（图 2-8）。成对的上、下鼻甲骨分别附着在鼻骨和上颌骨的鼻腔面，将每半鼻腔分为上、中、下三个鼻道。

下颌骨（*Os mandibula*）位于其他面骨和颅骨的下方，是单骨，在面骨中最大，分左、右两半（图 2-7 ～图 2-9）。每半分为骨体和下颌支。骨体位于前方，具有 6 个臼齿齿槽和 4 个切齿齿槽，颊齿槽和切齿槽之间为齿槽间隙。血管切迹明显。下颌支是骨体向上延伸的宽骨板，内、外侧面凹，供咀嚼肌附着。下颌支的上端有两个突起，前为冠状突，供颞肌附着；后为髁状突，与颞髁构成颞下颌关节。下颌支后下缘外翻，表面粗糙。

另外，在麋鹿头骨眶窝前方，上颌骨、鼻骨、额骨与泪骨之间没有骨质，为鼻泪裂（图 2-7），内可见筛骨前鼻甲，活体时覆盖有软骨、结缔组织膜和被皮，皮下有眼角动脉和静脉经过。成年麋鹿鼻泪裂大小约为 7cm×2cm。

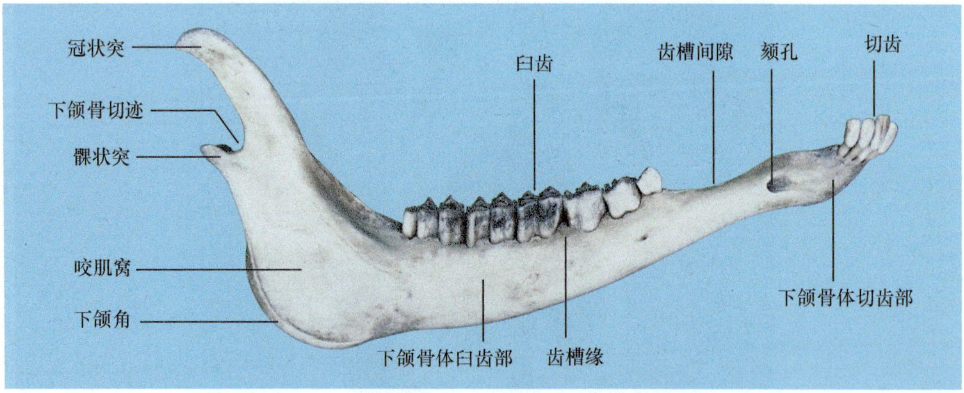

图 2-9　麋鹿下颌骨（外侧观）

舌骨（*Os hyoideum*）位于左、右下颌支之间，由一些骨片组成，包括舌骨体、茎突舌骨、上舌骨、角舌骨和甲状舌骨，与两侧的岩颞骨相连结，构成舌、咽和喉的支架（图 2-10）。

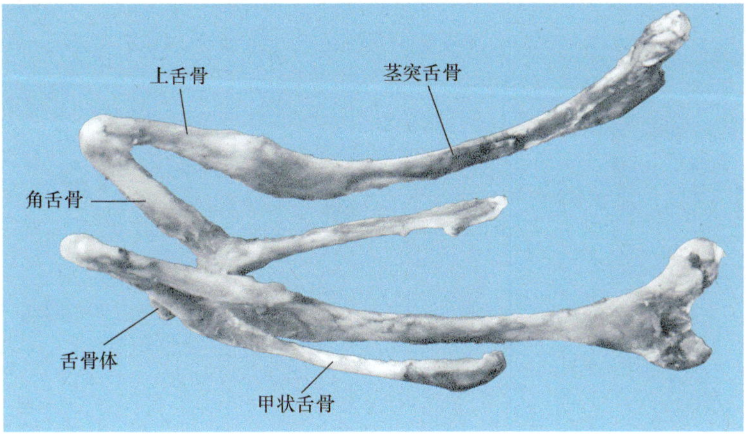

图 2-10　麋鹿的舌骨

第二节　躯　干　骨

躯干骨包括椎骨、肋和胸骨，连结起来构成脊柱与胸廓。

1. 椎骨（*Vertebrae*）　包括颈椎、胸椎、腰椎、荐椎和尾椎。其中颈椎 7 块（图 2-11），胸椎 13 块，腰椎 6 块，荐椎 4 块，尾椎 12～14 块。一系列椎骨借软骨、

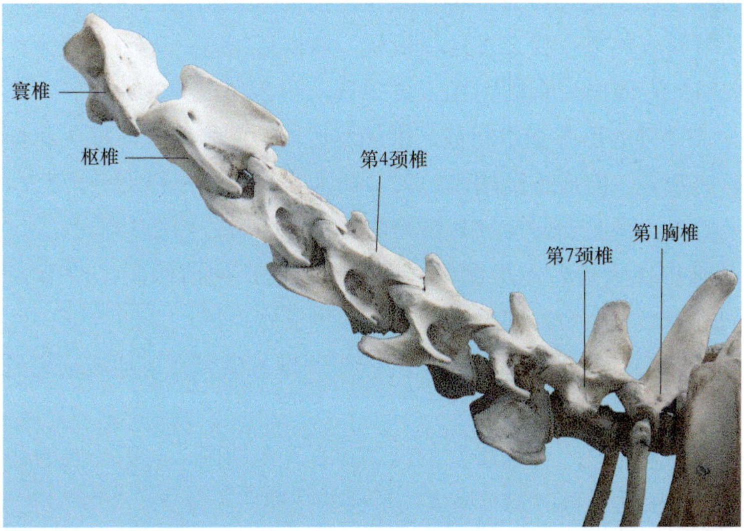

图 2-11　麋鹿的颈椎

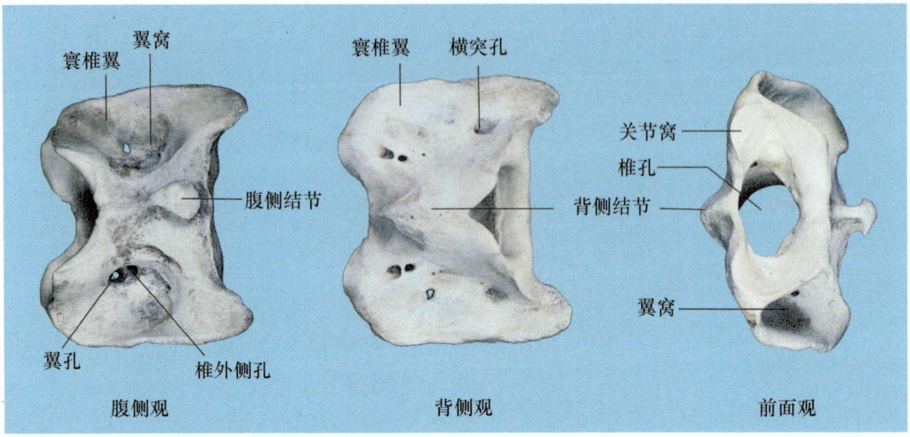

图 2-12 麋鹿的寰椎

关节和韧带连结成脊柱，麋鹿的脊柱式为 $C_7T_{13}L_6S_4Cy_{12\sim14}$，脊柱位于身体背侧正中，可支持体重、保护脊髓、传递推动力，参与形成胸腔、腹腔和骨盆腔的支架，以悬吊和保护内脏器官。

第 1 颈椎又称寰椎（*Atlas*），呈环状，无椎体和棘突，横突呈板状，称寰椎翼，寰椎翼近似水平，向侧方延伸。寰椎翼的腹侧凹为翼窝。寰椎翼前部内侧有椎外侧孔，通椎管；外侧有翼孔，通翼窝，无横突孔。前端有成对的关节窝，与枕骨髁形成关节，后端有鞍状关节面，与第 2 颈椎形成关节，背侧弓上有发达的背侧结节（图 2-11，图 2-12）。

第 2 颈椎又称枢椎（*Axis*），椎体最长，前端呈半圆状的齿突，其关节面与寰椎的鞍状关节面成关节。棘突发达呈板状，斜向后上方，无前关节突。横突长而不分支，向后外方伸出，有横突孔（图 2-11，图 2-13）。

第 3 ～ 5 颈椎的形态基本相似，椎体发达，腹侧嵴明显，椎头和椎窝显著；棘突小，向前倾斜，向后逐渐增高；关节突大，呈板状；横突分两支，背侧支向后称为横突后支，腹侧支向前称为横突前支（图 2-11，图 2-14）。

第 6 颈椎椎体较短，无腹侧嵴，棘突较发达，向前倾斜；关节突大，呈板状；横突的背侧支窄而短，向外侧伸出，腹侧支宽而厚，呈四方形，向腹侧伸出（图 2-11，图 2-15）。横突根部有横突孔，与颈椎各横突孔连通成横突管（*Canalis transversarium*）。

第 7 颈椎椎体最短，后端椎窝的两侧各有一后肋凹，与第一肋的肋头形成关节；棘突发达，接近垂直；关节突大，呈板状；横突不分支，无横突孔（图 2-11，图 2-16）。第 7 颈椎形态似胸椎。

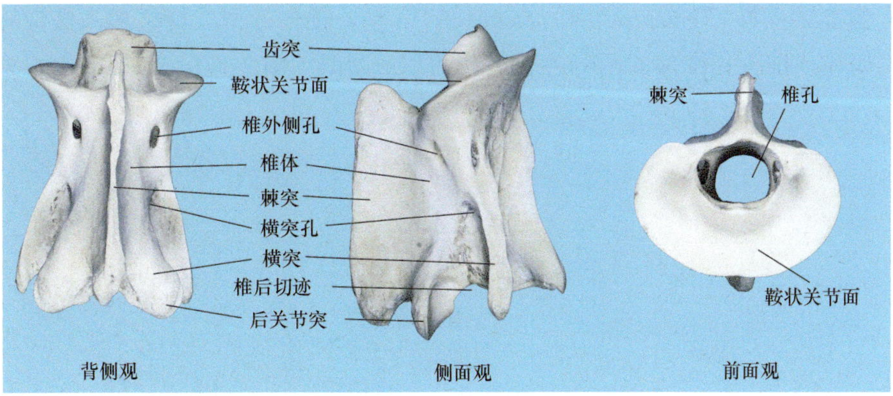

图 2-13　麋鹿的枢椎

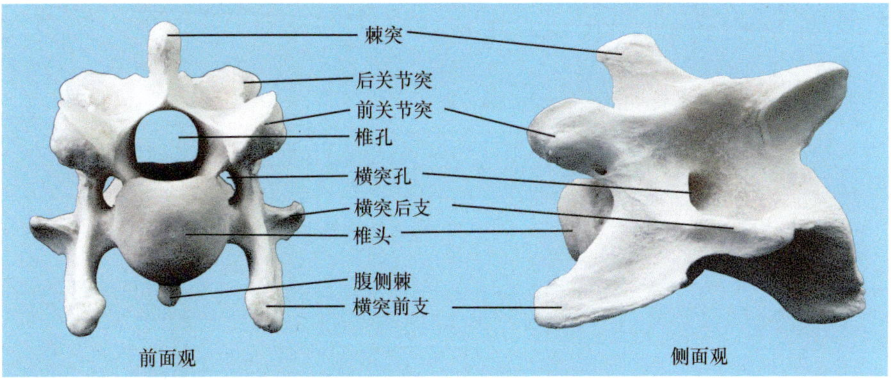

图 2-14　麋鹿的第 4 颈椎

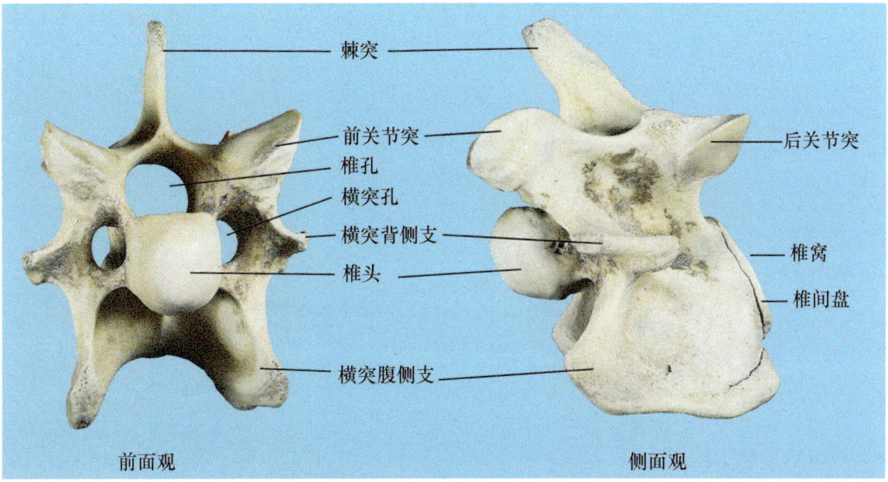

图 2-15　麋鹿的第 6 颈椎

麋鹿的胸椎（*Vertebrae thoracicae*）有 13 块，椎体近似三棱柱形，椎头与椎窝不明显，椎头和椎窝的两侧各有前肋凹和后肋凹（图 2-17），与相应的肋头成

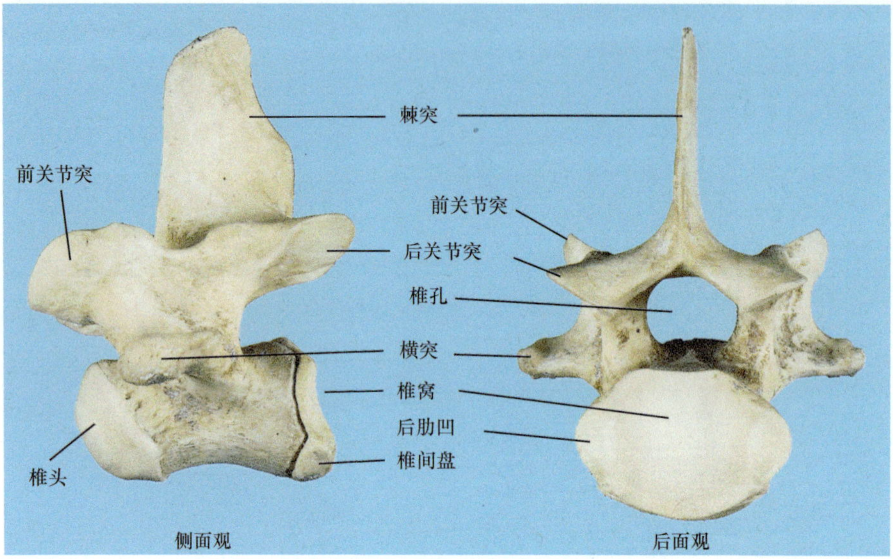

图 2-16　麋鹿的第 7 颈椎

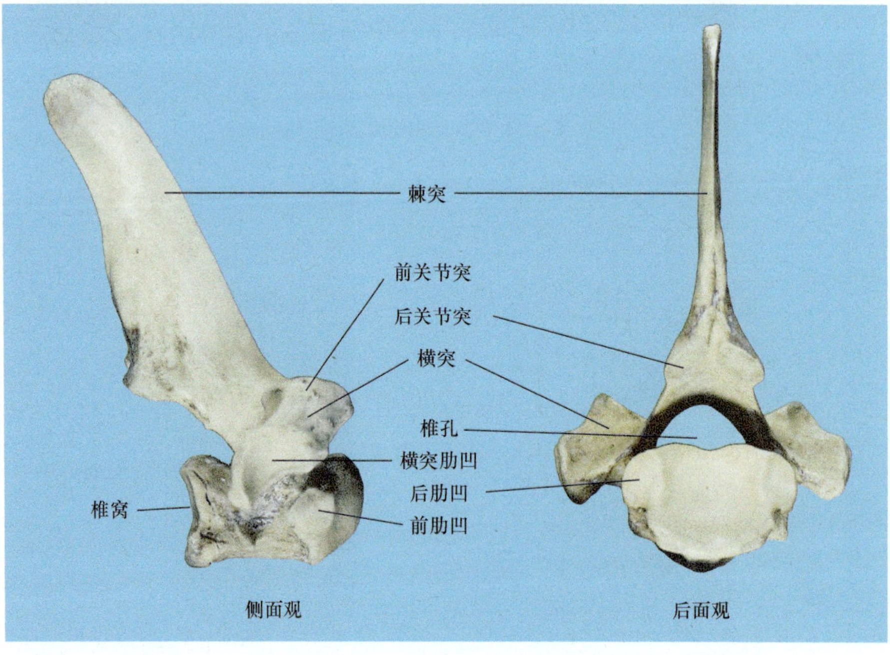

图 2-17　麋鹿的第 1 胸椎

关节。最后胸椎无后肋凹。相邻胸椎椎体之间除有椎间孔外，还有一椎外侧孔。棘突特别发达，第 1 ～ 5 棘突最高，第 1 ～ 12 胸椎棘突向后逐渐倾斜，第 13 胸椎棘突直立与腰椎相似。横突短，由前向后逐渐变小，横突腹侧面有关节面称为横突肋凹，与肋结节成关节。但最后两个胸椎的横突常不与肋骨形成关节。

腰椎（*Vertebrae lumbales*）有 6 块，棘突低而宽，与第 13 胸椎的棘突同高，横突长而宽扁，向两侧水平伸出，由第 1 ～ 5 腰椎横突逐渐增长，第 5 腰椎横突最长，由第 6 腰椎横突向前弯，如镰刀状（图 2-18）。椎头、椎窝不明显。腰椎关节突发达，彼此连结坚固。

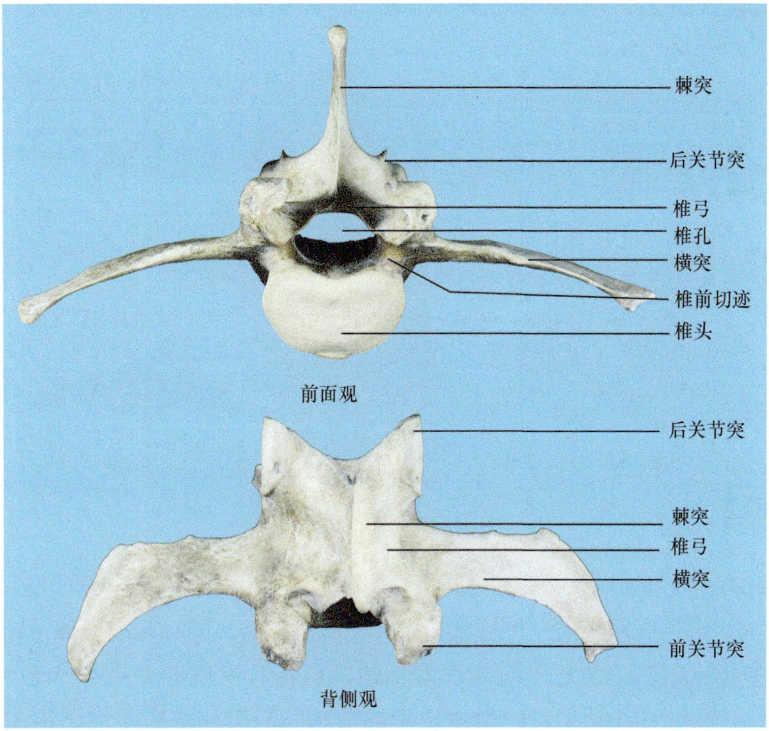

图 2-18　麋鹿的第 6 腰椎

荐椎（*Vertebrae sacrales*）有 4 块，互相愈合成一块三角形的荐骨（sacrum），略呈凸缘朝向背侧的弓状（图 2-19）。棘突互相融合为荐正中嵴。在中间嵴与正中嵴之间的沟内有荐背侧孔，荐骨的腹面两侧有较大的荐腹侧孔，与荐背侧孔相通。横突相互愈合成为荐骨侧部，为荐骨翼，其下后方有三角形的耳状关节面，与髂骨成关节（图 2-19，图 2-20）。荐椎与后肢的盆带骨相连结，构成骨盆腔的顶壁。

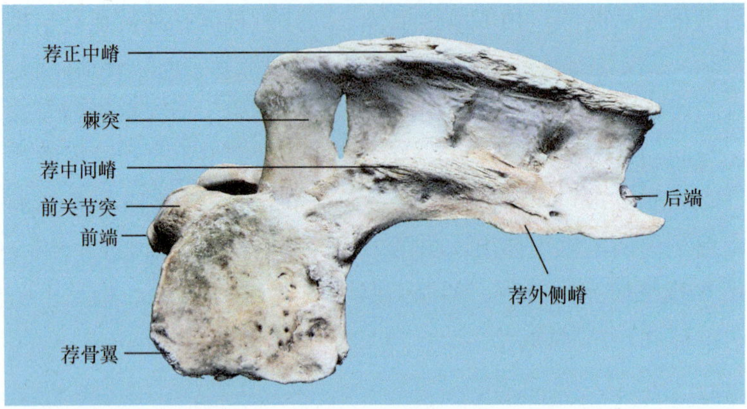

图 2-19　麋鹿的荐椎（侧面观）

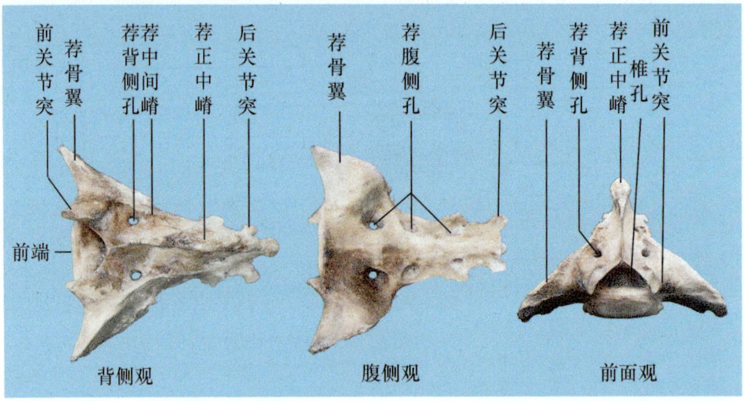

图 2-20　麋鹿的荐椎

尾椎（*Vertebrae coccygeae*）有 12 ～ 14 块，前 5 块具有椎骨的一般形态，向后突起逐渐消失，退化成短小的三棱柱状的椎体，直至最后呈圆柱状的椎体（图 2-21）。

2. 肋（*Costae*）　13 对，前 8 对为真肋，后 5 对为假肋。第 1 ～ 8 肋的长度逐渐增加，第 8 ～ 10 肋最长，弯度大，向前和向后组建变短而窄，第 11 肋以后逐渐变短（图 2-22）。第 1 肋最短且宽。每一肋分为肋骨和肋软骨。经肋软骨直接与胸骨形成关节的肋骨为真肋；肋软骨借结缔组织与前一肋软骨形成肋弓，而

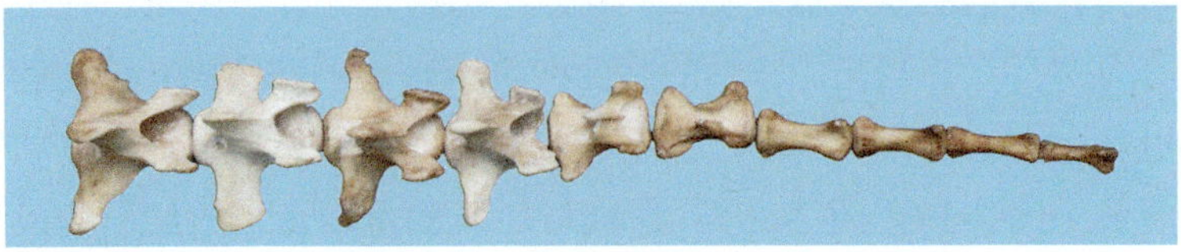

图 2-21　麋鹿的部分尾椎

间接与胸骨相连的肋骨为假肋。相邻两肋之间的间隙，称为肋间隙。

肋骨（*Os costale*）的椎骨端有肋头和肋结节（图 2-22，图 2-23）。肋头分为前、后肋头关节面，分别与相邻椎体的前、后肋凹成关节。肋结节位于肋头的后下方，其关节面与相应胸椎的横突肋凹成关节。肋骨体外凸内凹。肋骨腹侧端与肋软骨连结。

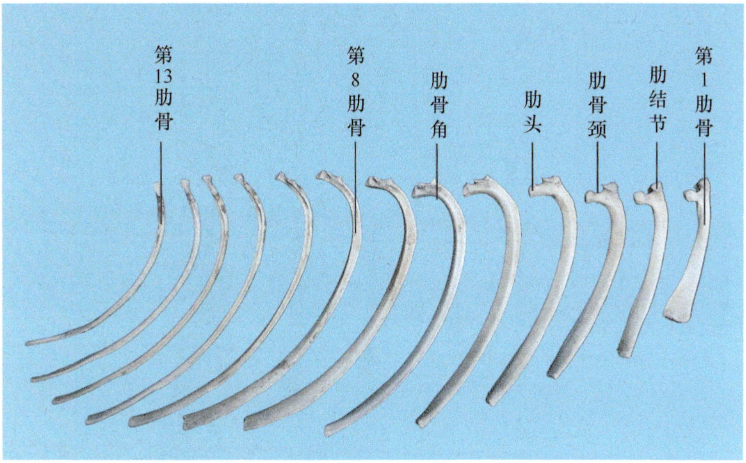

图 2-22　麋鹿的单侧肋骨排

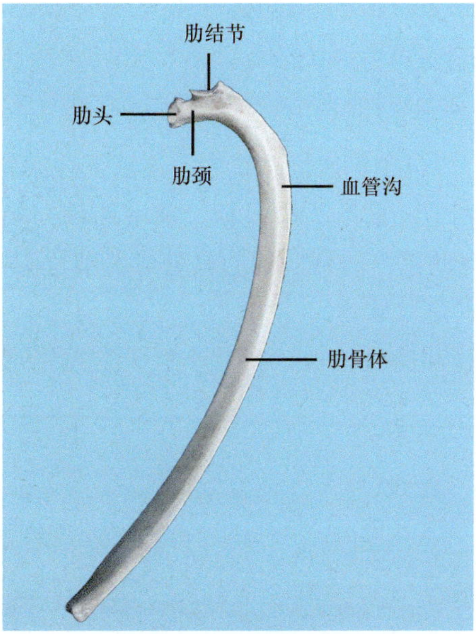

图 2-23　麋鹿的肋骨

肋软骨（*Cartilago costalis*）呈扁棒状，真肋的肋软骨与胸骨体成关节（图 2-24）。假肋的肋软骨彼此重叠成肋弓，附着于第 8 肋软骨，形成胸廓的后界。一些老年雄鹿可见第 14 对肋软骨，附着于肋弓后缘，长约 7cm，呈细小短棒状。

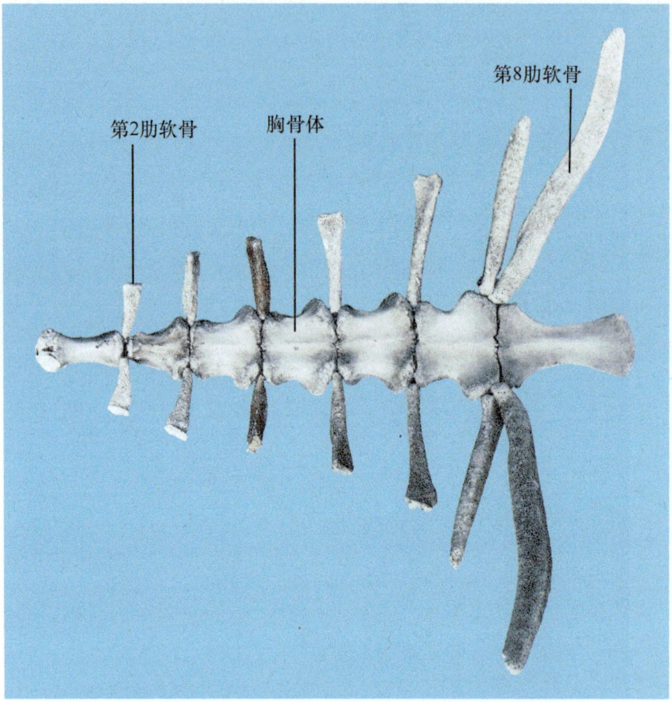

图 2-24　麋鹿的第 2 ～ 8 肋软骨与胸骨体

3. 胸骨（*Sternum*）　位于胸廓底壁正中，向后下方倾斜。由 7 个胸骨节片构成，一般形态与牛的相似。前端为胸骨柄，前端两侧与第 1 肋软骨成关节。胸骨体上下压扁，两侧有肋窝，与真肋的肋软骨成关节（图 2-25）。后端为剑状突（图 2-25），接圆盘状的剑状软骨。

胸廓由胸椎、肋骨和胸骨构成，为前小后大的短锥形，前部两侧压扁，向

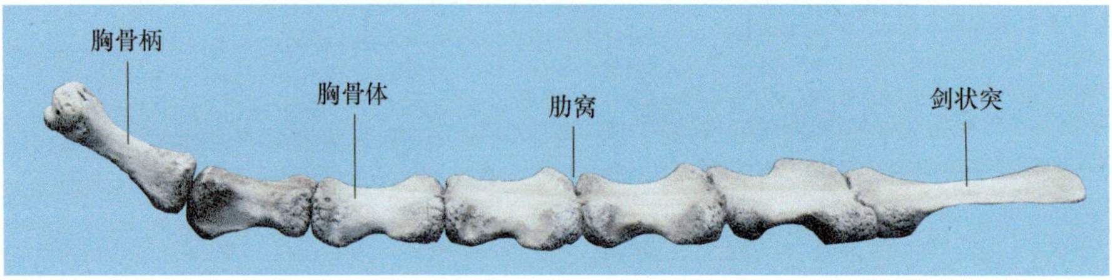

图 2-25　麋鹿的胸骨

后逐渐增大（图 2-26）。胸前口较高，呈上大下小的椭圆形，由第 1 胸椎、第 1 对肋及胸骨柄构成。胸后口宽阔，向前下方倾斜，由最后一对肋骨、肋弓和剑状软骨围成。

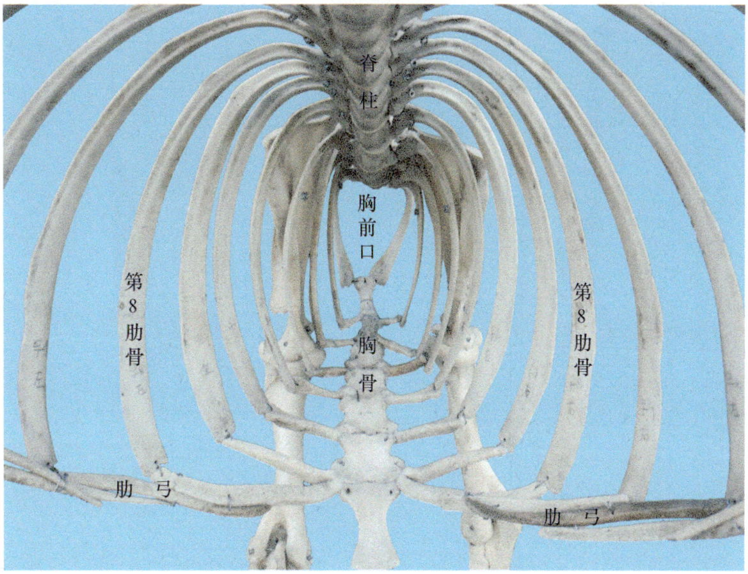

图 2-26　麋鹿的胸廓（后面观）

第三节　前　肢　骨

前肢骨包括肩胛骨、肱骨（臂骨）、前臂骨（包括桡骨和尺骨）、腕骨、掌骨、指骨和籽骨。

1. 肩胛骨（*Os scapula*）　为三角形扁骨，位于胸廓前部的两侧。肩胛骨外侧面有一纵走的肩胛冈，肩胛冈发达，肩峰明显；肩胛冈将肩胛骨外侧面分为前方较小的冈上窝和后方较大的冈下窝；肩胛骨内侧面有肩胛下窝和两个锯肌面；肩胛骨上缘附有肩胛软骨；远端有关节盂与肱骨头成关节，关节盂的前方有盂上结节（图 2-27，图 2-28）。

2. 肱骨（*Humerus*）　又称臂骨（*Os brachialis*），为管状长骨，由前上方斜向后下方，分为一骨体和两骨端。骨体圆滑、细长，为不规则的圆柱形，外侧面具

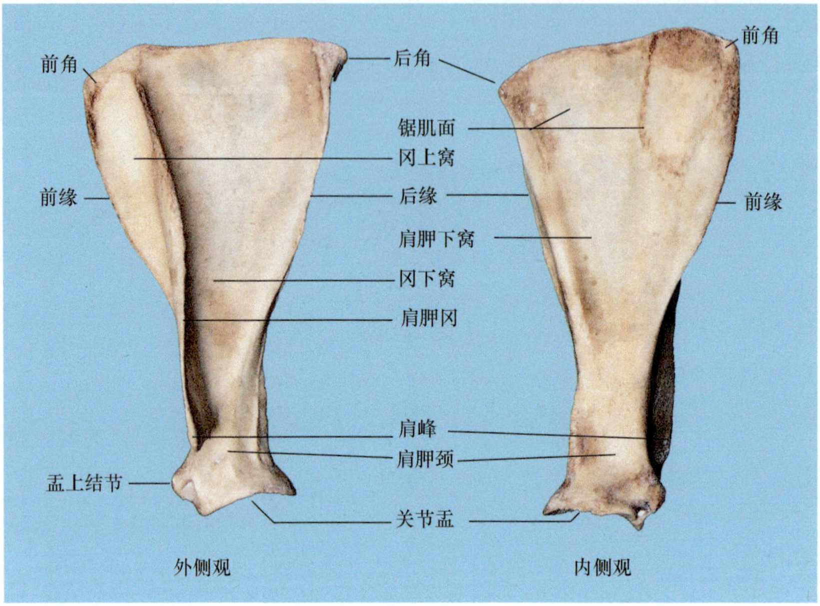

图 2-27　麋鹿的肩胛骨

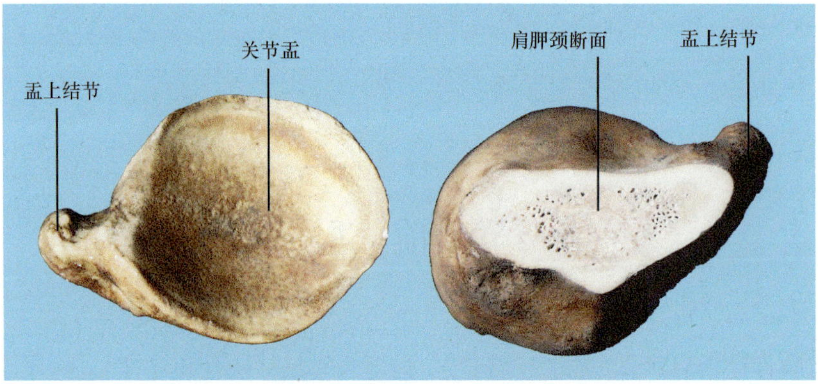

图 2-28　麋鹿的肩胛颈断面

有轻度螺旋状的臂肌沟，外侧面有三角肌结节（三角肌粗隆），内侧面中部有大圆肌结节（粗隆）。近端粗大，后部有球状肱骨头，与肩胛骨的关节盂成关节。前部外侧有大结节，突起向内侧弯，内侧突起较小为小结节，两结节之间是结节间沟，供臂二头肌通过，因此又称为臂二头肌沟，该沟较深近圆形（图 2-29）。

远端的掌侧面有内、外侧两个髁状关节面，与桡骨成关节。两髁的后面形成宽深的鹰嘴窝（肘窝），尺骨鹰嘴的肘突深入其中，背侧面有一浅窝为桡骨窝（图 2-29）。

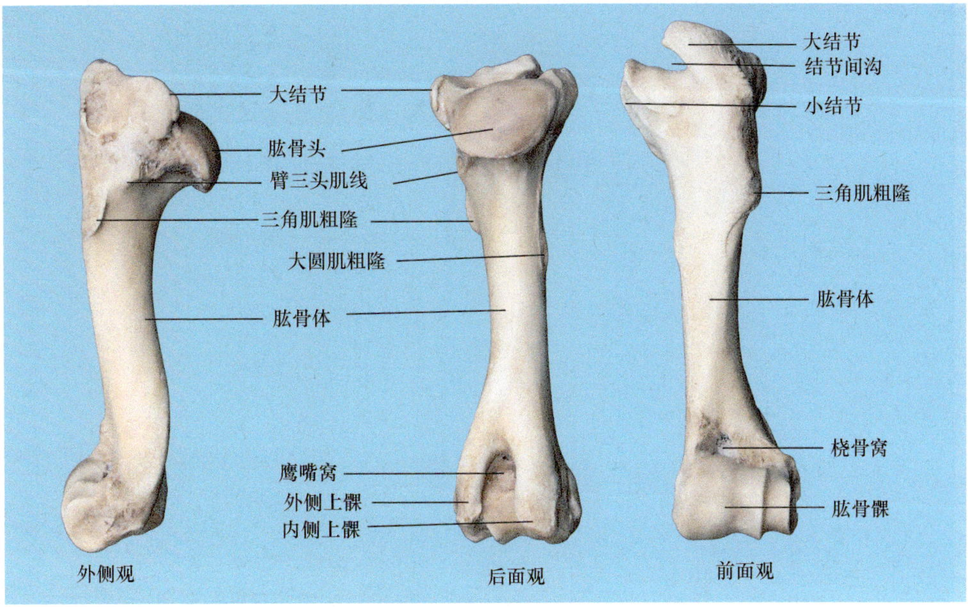

图 2-29　麋鹿的肱骨

3. 前臂骨（*Ossa antebrachii*） 由桡骨（*Radius*）与尺骨（*Ulna*）彼此愈合构成（图 2-30），几乎与地面垂直。桡骨为管状长骨，位于前内侧，掌侧面粗糙，与尺骨融合。近端与肱骨髁成关节，近端背内侧有粗糙的桡骨粗隆。远端与近列腕骨成关节。尺骨位于后外侧，较桡骨长。近端粗大而特别突出，高于桡骨，形成伸肌的杠杆，称为鹰嘴（olecranon），其顶端粗糙为鹰嘴结节。鹰嘴的前缘中部有一呈钩状的肘突，伸入肱骨的肘窝中。肘突的下方有凹的半月形关节面，与肱骨远端成关节。尺骨与桡骨紧密结合，但留有裂隙，称为前臂骨间隙，分为近骨间隙和远骨间隙。尺骨远端尖而锐，突出于桡骨远端的下方，称为茎突。

4. 腕骨（*Ossa carpi*） 有 6 块，由两列构成，近列 4 块，由内向外依次为桡腕骨（*Os carpi radiale*）、中间腕骨（*Os carpi intermedium*）、尺腕骨（*Os carpi ulnaree*）和副腕骨（*Os carpi accessorium*）（图 2-31）。副腕骨短、厚而圆，位于尺腕骨的后方。远列 2 块，第 1 腕骨完全退化。第 2 腕骨与第 3 腕骨愈合成一块，呈四边形；外侧为第 4 腕骨，呈方形。近列腕骨的近端关节面与桡骨成关节，但副腕骨仅与尺腕骨成关节；远端关节面与远列腕骨成关节。远列腕骨的远端关节面与掌骨成关节。

5. 掌骨（*Ossa metacarpalia*） 第 3、第 4 掌骨合二为一，称为大掌骨，又称为炮骨（跑骨）（图 2-32）。第 2 和第 5 掌骨退化。大掌骨为管状长骨，骨体扁圆，

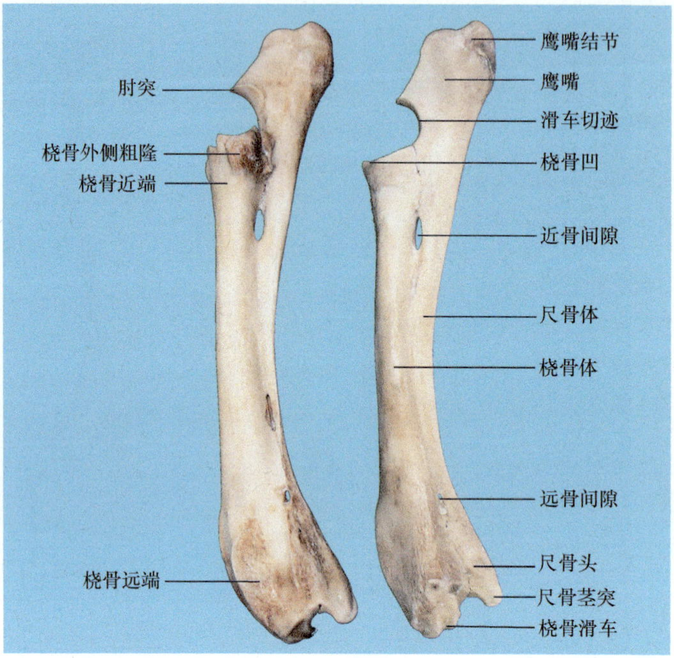

图 2-30　麋鹿的前臂骨

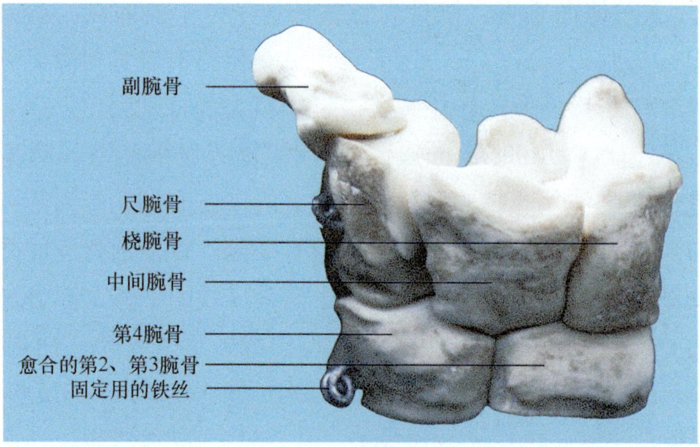

图 2-31　麋鹿的腕骨

背侧面稍圆隆，正中有纵沟，沟的两端各有一孔，通掌侧面。近端有微凹的关节面，与远列腕骨成关节。远端分开，有两个轴状关节面，分别与第 3、第 4 指的近指节骨和后方的近籽骨成关节。每一轴状关节面中央有一较高的矢状嵴。近端背内侧面有掌骨结节。幼年大掌骨腔中间有薄骨片将骨髓腔分成两室，成年该骨片几乎消失，仅在两端见残余痕迹（图 2-33）。

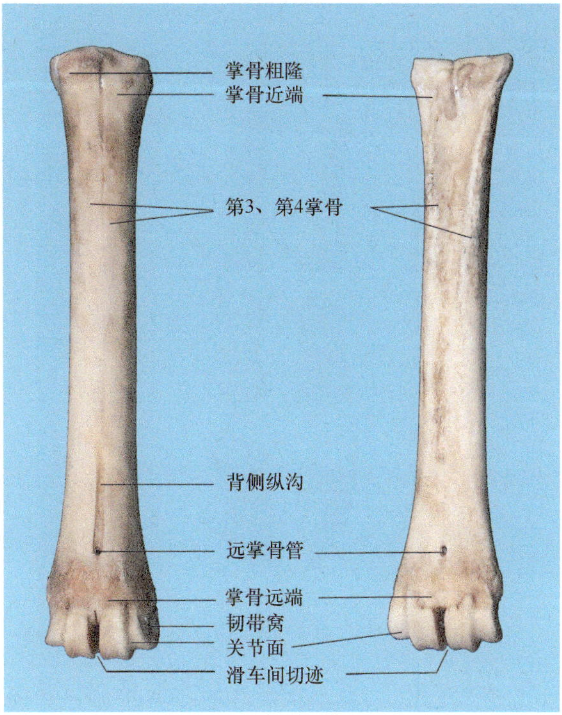

图 2-32　麋鹿的掌骨

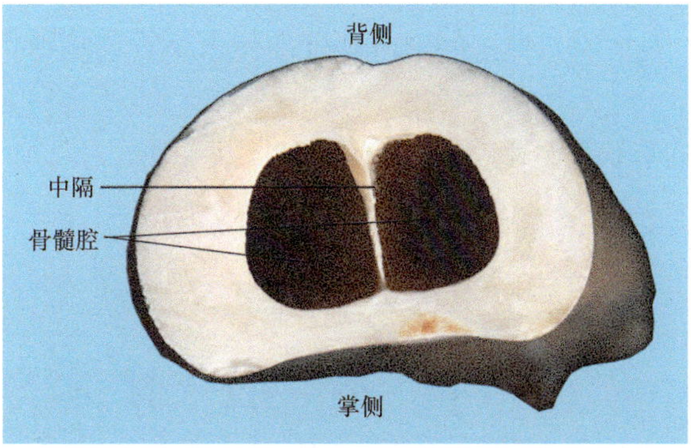

图 2-33　麋鹿的掌骨近端横断面

6. 指骨（*Ossa digitorum manus*）　有 4 个指，其中第 3 和第 4 指发育完全，称为主指，与地面接触。主指有 3 个指节骨，顺次为近指节骨（系骨）、中指节骨（冠骨）和远指节骨（蹄骨）（图 2-34）。第 2 和第 5 指不发达，但仍保留有 3 个指节骨，均为扁状骨，远指节骨与悬蹄匣相似，无近籽骨、远籽骨。第 2 和第 5 指系骨通过结缔组织固定于近籽骨外侧，称为悬蹄，不与地面发生接触。

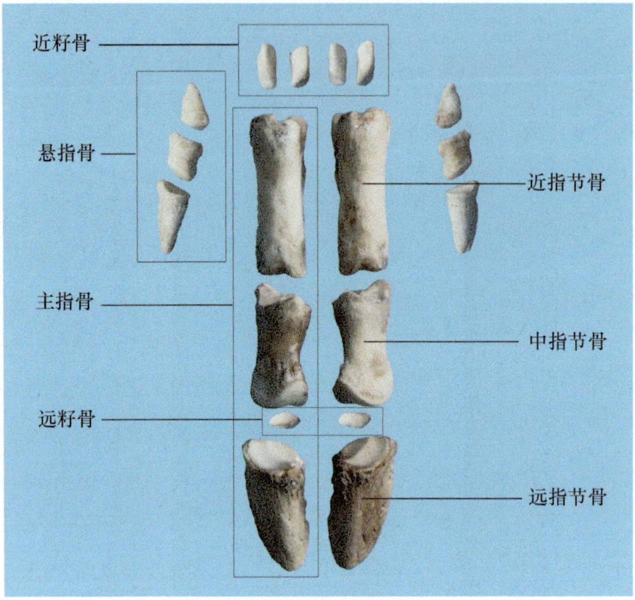

图 2-34 麋鹿的指骨和籽骨

7. 籽骨（*Ossa sesamoidea*） 第 3 和第 4 指具有两列 3 块籽骨。每个主指有近籽骨 2 块，位于系关节的后面；远籽骨 1 块，位于蹄关节的后面（图 2-34）。

近籽骨呈长三角锥状，每一主指有 2 块，共 4 块，位于系关节的掌侧；背侧面的关节面凹，为一矢状嵴，分为两部分，与大掌骨远端轴状关节面的相应部成关节。

远籽骨呈横向卵圆形，每一主指有 1 块，共 2 块，位于中指节骨和远指节骨之间的掌侧面。

第四节 后 肢 骨

后肢骨包括髋骨、股骨、膝盖骨、小腿骨、跗骨、跖骨、趾骨和籽骨。

1. 髋骨（*Os coxae*） 为骨盆和臀部的基础，由髂骨、耻骨和坐骨构成（图 2-35）。

髂骨（*Os ilium*）最大，为三角形扁骨（图 2-35）。位于髋臼的前上方，左右侧髂骨几乎平行。髂骨分为前部宽呈板状的髂骨翼和后下方窄的髂骨体。髂骨翼

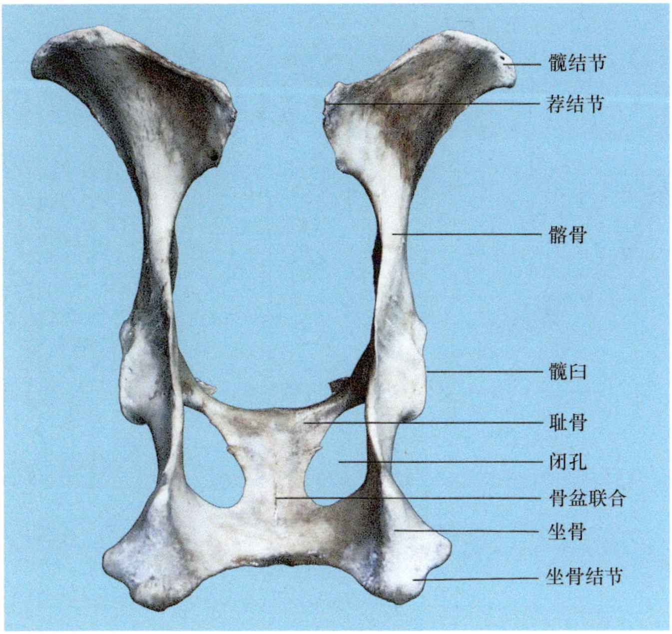

图 2-35　麋鹿的髋骨

的内侧称为荐盆面，具有耳状面，与荐骨翼成关节；翼背外侧面有臀肌附着，称为臀肌面。在髂骨翼的前外侧角有明显的髋结节；翼的内侧角有明显的荐结节。髂骨翼的内侧缘凹为坐骨大切迹，向后参与形成坐骨棘。髂骨体呈三棱柱状，向后下与耻骨、坐骨共同构成髋臼，与股骨头成关节。髂骨体背侧有坐骨棘，腹侧有腰小肌结节。

耻骨（*Os pubis*）最小，构成骨盆底壁的前半部，两侧耻骨的内侧部沿中线愈合，形成耻骨联合，构成骨盆联合的前部。耻骨外侧部与髂骨和坐骨在髋臼处结合。前缘在与髂骨交接处有髂耻隆起。后缘形成闭孔的前缘（图 2-35）。

坐骨（*Os ischii*）是一不正的四边形扁骨，位于髋臼后部（图 2-35）。内侧缘与对侧的坐骨在正中联合，构成骨盆联合的后部。外侧缘向内凹，形成坐骨小切迹。前外侧角与髂骨、耻骨连结形成髋臼。后外侧角特别粗大，呈三角形，为坐骨结节，坐骨结节发达。左右坐骨的后缘合成较窄且较深的坐骨弓。前缘凹，与耻骨合成闭孔。

髋臼（acetabulum）是髂骨、耻骨和坐骨共同构成的环状关节窝（图 2-36），与股骨头成关节。窝内有月形面和髋臼窝，后者供圆韧带附着。左右髋骨在骨盆中线处以软骨连结形成骨盆联合。麋鹿的髋臼切迹较开阔，马鹿的髋臼切迹几乎闭合。

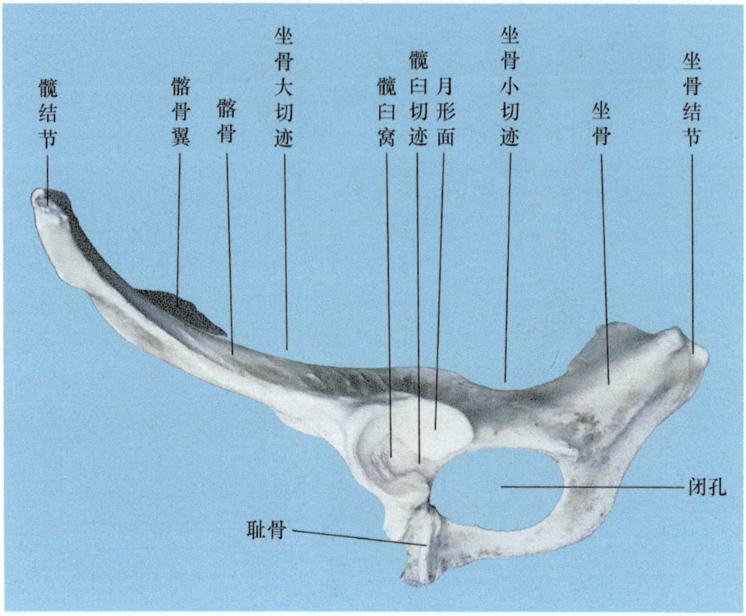

图 2-36 麋鹿的髋臼

骨盆 (*Pelvis*) 的顶壁为荐骨和前三个尾椎，底壁为耻骨和坐骨，侧壁为髂骨和荐结节阔韧带，呈前宽后窄的锥形腔（图 2-37）。骨盆前口呈椭圆形，斜度较大，其周缘以荐骨岬、髂骨体及耻骨前缘为界。后口较小，背侧为第 3 尾椎，腹侧为坐骨弓，两侧为荐结节阔韧带的后缘。雌性麋鹿骨盆的底壁较为平而宽，雄性麋鹿则较窄。

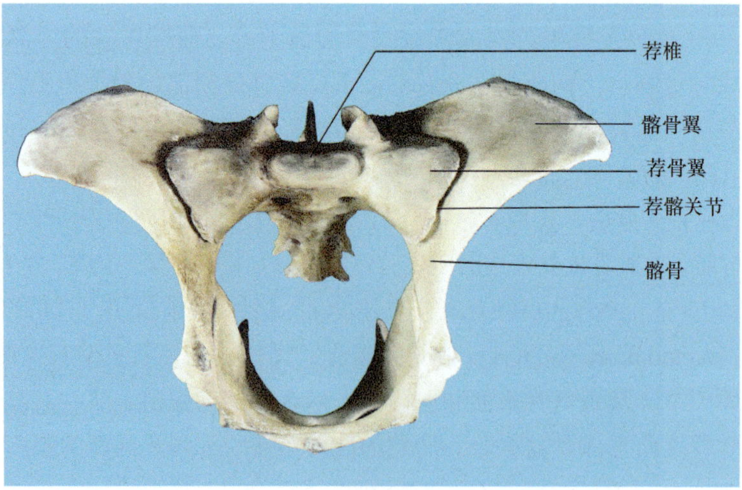

图 2-37 雄性麋鹿的骨盆（前面观）

2. 股骨（*Os femoris*） 股骨是麋鹿最大的管状长骨，由髋臼处向前下的长骨（图 2-38）。股骨体呈圆柱状，中部细。内侧缘上部有粗糙的小转子。近端大，内侧有球形的股骨头，与髋臼形成髋关节，股骨头的中央有一小凹陷，供圆韧带附着；外侧有扁而高的大转子。大转子与股骨头之间有一深凹陷，称为转子窝，供肌肉附着。远端粗大，前部有股骨滑车，滑车关节面与膝盖骨成关节；后部形成圆形的内、外侧髁，与胫骨成关节。内、外侧髁之间有深的髁间窝。

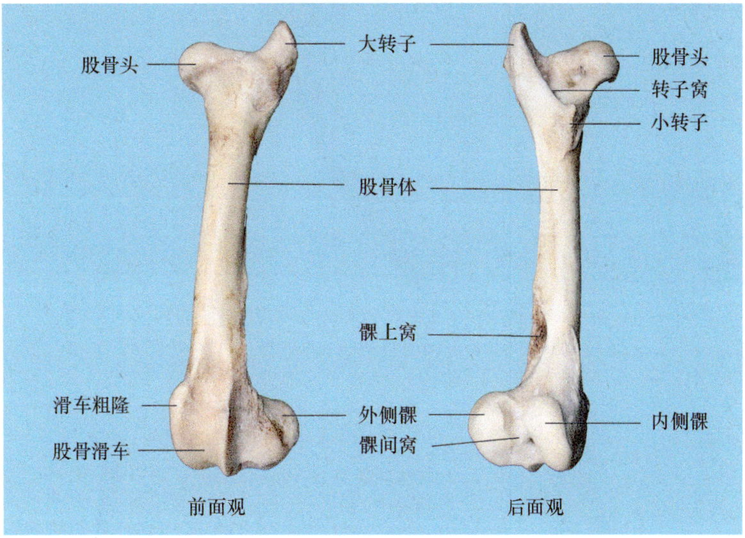

图 2-38　麋鹿的股骨

3. 膝盖骨（*Patella*） 又称髌骨，是体内最大的一块籽骨，呈锥状，其基部朝上，尖端向下（图 2-39），位于股骨远端的背侧。前面粗糙，后面分为内、外二部的关节面，与股骨远端的滑车关节面成关节。

4. 小腿骨（*Ossa cruris*） 包括发达的胫骨（*Tibia*）和退化的腓骨（*Fibula*）（图 2-40）。胫骨为管状长骨，由前上方斜向后下方，近端呈三角形，具有两个关节隆起，即内、外侧髁，每一髁有鞍状关节面，与股骨远端成关节。外侧髁的外侧缘有退化腓骨的极小的锥形短突，即腓骨头。内侧髁向下延续为胫骨嵴。远端较小，由两个深沟和位于两沟中间的低嵴构成关节面，与距骨成关节；外侧有与跟骨成关节的关节面。

5. 跗骨（*Ossa tarsi*） 有 5 块，分为 3 列。近列 2 块，包括距骨和跟骨（图 2-41）。距骨近端和背侧相延续，形成有中间沟和两个斜嵴的滑车关节面。跟骨较长而窄，近端有粗大突出的跟结节，内侧有向内突出的粗大隆起，称为载

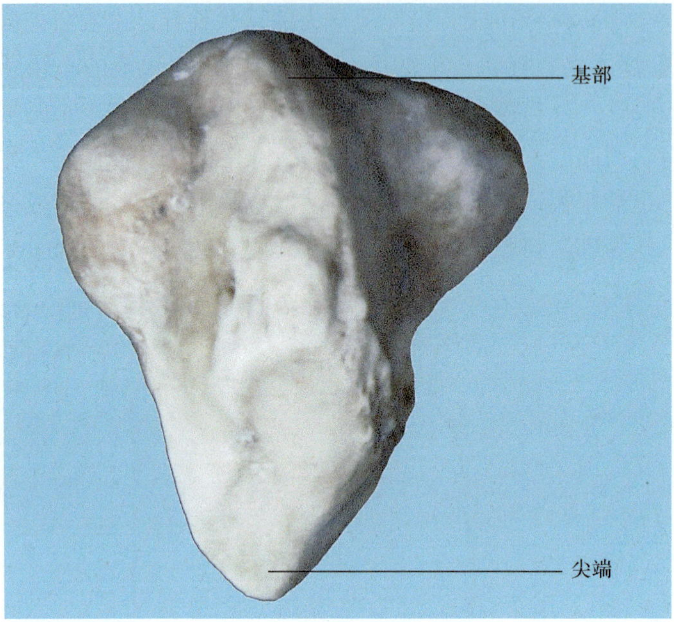

图 2-39　麋鹿的膝盖骨

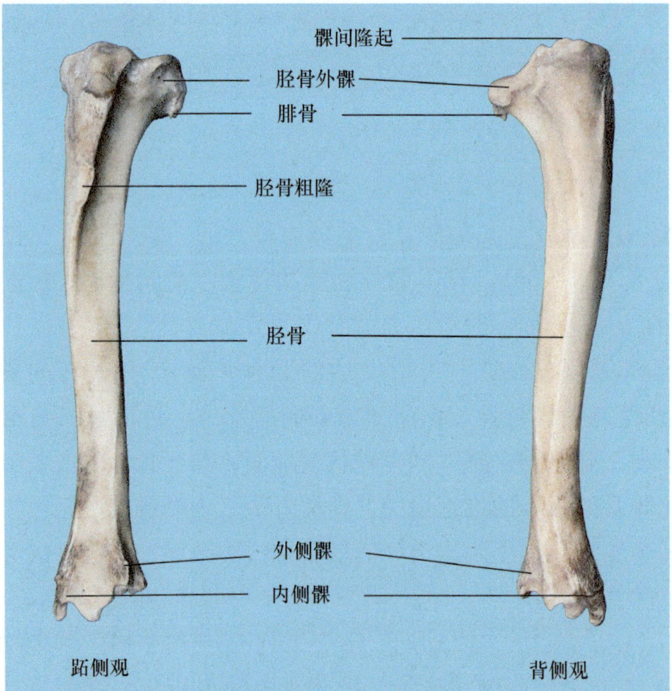

图 2-40　麋鹿的小腿骨

距突。中间列 1 块，由中央跗骨与第 4 跗骨愈合成一块板状骨。远列 2 块，第 1 跗骨很小，第 2、第 3 跗骨愈合在一起为四角形的板状骨。

6. 跖骨（*Ossa metatarsalia*） 与掌骨相似，但略长而粗（图 2-42）。

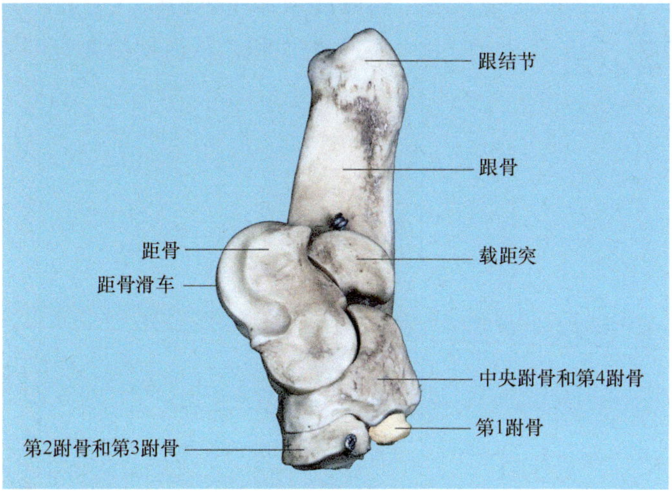

图 2-41　麋鹿的跗骨

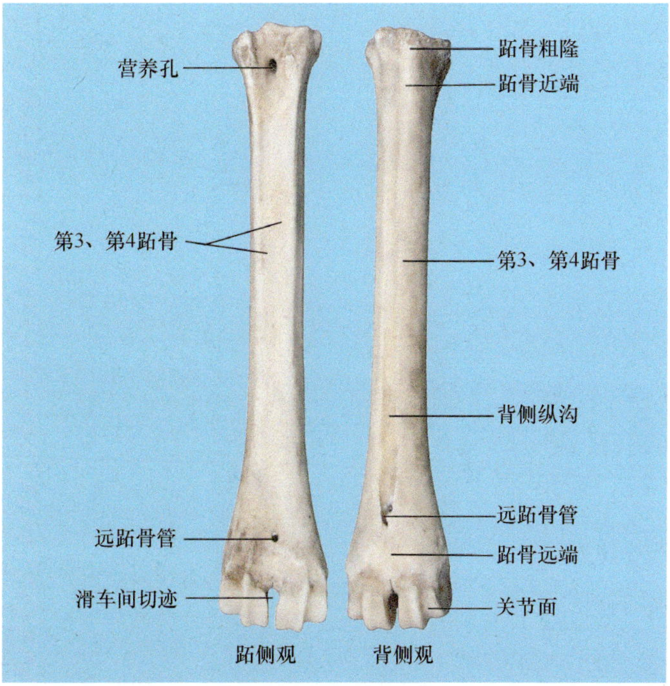

图 2-42　麋鹿的跖骨

7. 趾骨（*Ossa digitorum pedis*）和籽骨（*Ossa sesamoidea*） 数目和排列基本同前肢的指骨和籽骨。

麋鹿的四肢骨从形态和构造上基本与牛具有许多相同或相似之处。麋鹿四肢骨的管状长骨长度比牛发达，因此麋鹿比牛跑得快。另外，麋鹿的附加指（趾）在运动时，能够扩大指（趾）端着地面积，从而使麋鹿有可能容易通过沼泽地带。

第三章

骨的连结

第一节 概　　述

动物体骨与骨之间借纤维结缔组织、软骨或骨相连，称为骨连结。根据骨连结的方式，分为直接连结和间接连结两大类。

一、直接连结

两骨之间借纤维结缔组织或软骨直接连结，连结较牢固，不活动或有少许活动性，分为纤维连结、软骨连结和骨性结合 3 类。

1. 纤维连结（*Articulationes fibrosae*） 骨与骨之间借纤维结缔组织相连结，连结牢固，一般无活动性，如桡骨和尺骨之间的韧带联合，颅骨诸骨之间的缝（图 3-1）。这种纤维连结大部分是暂时性的，随年龄的增长而发生骨化，成为骨性结合。

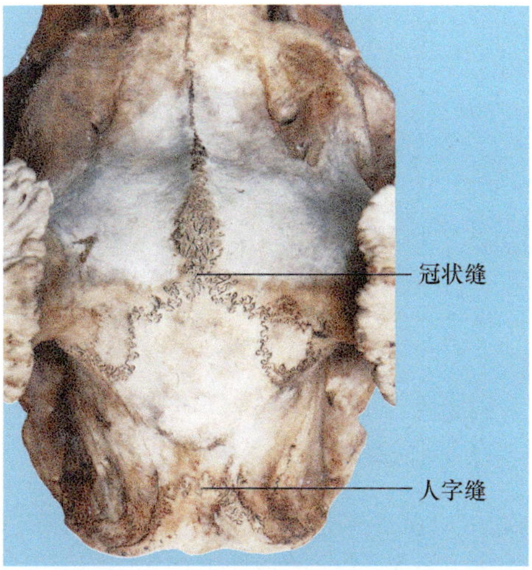

图 3-1　麋鹿头部纤维连结

2. 软骨连结（*Articulationes cartilaginea*） 两骨之间借软骨相连结。软骨连结分为软骨结合与软骨联合，前者借透明软骨相连结，如长骨的骨干与骺之间的干骺软骨、枕骨与蝶骨的连结，随着年龄的增长可骨化形成骨性结合；后者借纤维软骨相连结，如骨盆联合、椎间盘等。

3. 骨性结合 骨与骨之间借骨组织连结，常由纤维连结和透明软骨连结骨化而成，如髂骨、耻骨和坐骨在髋臼处的骨性结合（图 2-36）。

二、间接连结

间接连结又称滑膜关节（*Articulationes synoviales*），简称关节（*Articulatio*），骨与骨之间不直接相连，通过周围的关节囊相连，两骨之间有较大的腔隙，内含少量滑液，能进行灵活的运动，是骨连结的最高分化形式。

第二节 躯 干 连 结

躯干连结包括脊柱连结和胸廓连结。

一、脊柱连结

脊柱连结分为椎体间连结、椎弓间连结和脊柱总韧带等（图 3-2）。

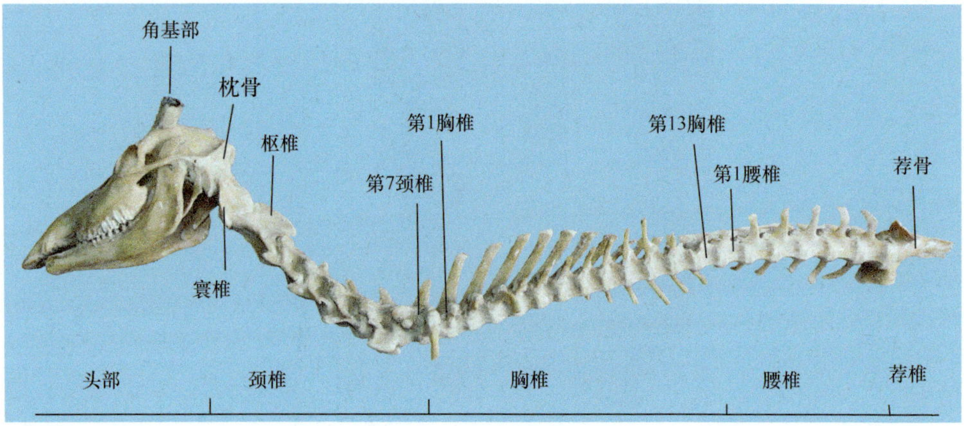

图 3-2 麋鹿的头和脊柱

1. 椎体间连结 相邻椎体之间借椎间盘（*Disci intervertebrales*）（图 3-3）和韧带连结。椎间盘呈圆盘状，中央为柔软的髓核（*Nucleus pulposus*），为胚胎期脊索的遗迹；周围为纤维环（*Anulus fibrosus*）（分为纤维软骨部和结缔组织部）。椎间盘具有弹性，有缓冲和增加运动幅度的作用。椎间盘越厚的部位，运动范围就越大；颈部和尾部的椎间盘最厚，故其运动范围最大。

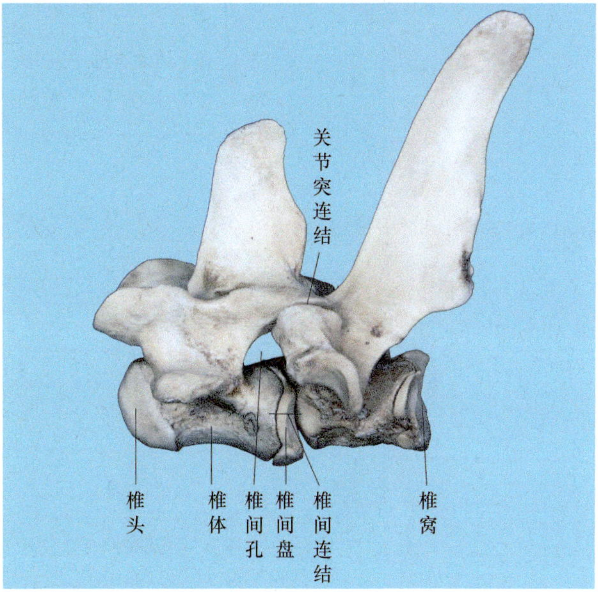

图 3-3 椎体间连结（第 7 颈椎和第 1 胸椎）

2. 椎弓间连结 包括椎弓板间连结和关节突间连结。椎弓板间由黄韧带相连；关节突间连结是由相邻椎弓的前、后关节突构成的活动关节，有关节囊，关节面之间可进行滑动运动。颈部的关节囊较大而松，活动性较大；腰部的关节囊较小而紧，活动性较小（图 3-4）。

3. 脊柱总韧带 为纵贯脊柱、连结大部分椎骨的韧带，包括棘上韧带、背侧韧带、腹侧韧带、棘间韧带和横突间韧带等（图 3-5）。

4. 寰枕关节（*Art. atlantooccipitalis*） 由寰椎的前关节窝与枕髁构成（图 3-6），为双轴关节，关节囊较松，可作伸、屈和小范围的侧转运动，韧带有寰枕背侧膜、寰枕腹侧膜和一对侧韧带。

5. 寰枢关节（*Art. atlantoaxialis*） 由寰椎的后关节窝与枢椎齿突构成（图 3-6），为车轴关节，关节囊较松，运动范围较大，可左右转动头部，韧带有寰枢背侧韧带、腹侧韧带、齿突尖韧带、棘间韧带。

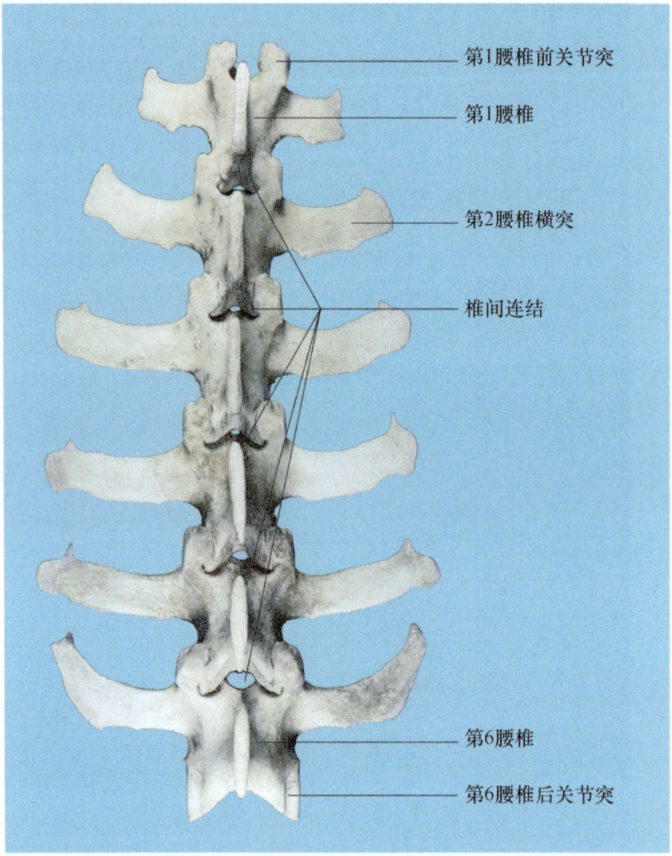

图 3-4 腰椎关节

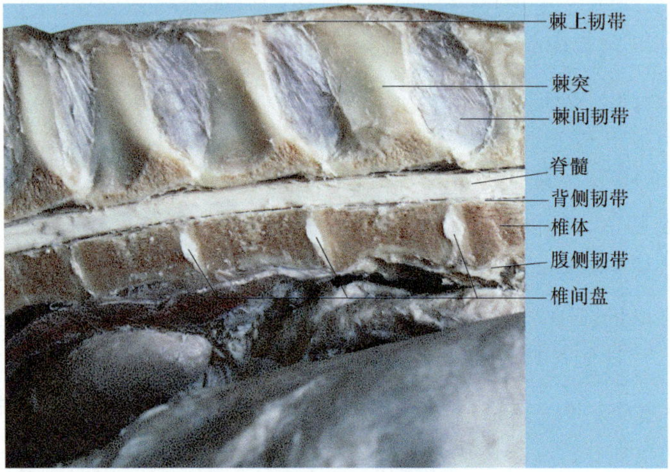

图 3-5 脊柱韧带（塑化标本）

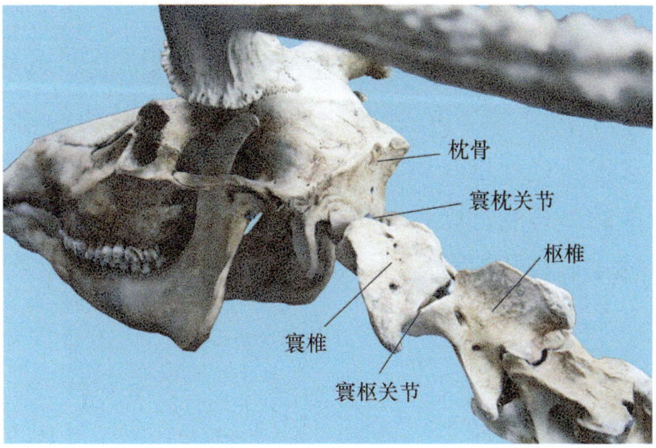

图 3-6 寰枕关节和寰枢关节

二、胸廓连结

胸廓连结包括肋椎关节和肋胸关节。

1. 肋椎关节（*Art. costovertebrales*） 包括肋头关节和肋横突关节（图 3-7）。肋头关节由肋头关节面与相邻胸椎的前、后肋凹构成。肋横突关节由肋结节关节面与相应胸椎的横突肋凹构成，两个关节周围均有关节囊和短韧带。肋椎关节向前外侧运动时，胸廓横径增大，产生吸气运动；相反，向后内侧运动时，胸廓横

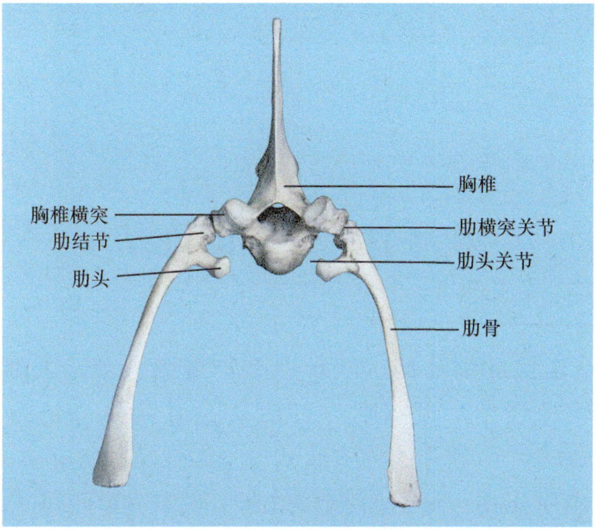

图 3-7 肋椎关节

径减小，产生呼气运动。胸廓前部肋椎关节的活动性小，后部肋椎关节的活动性大。

2. 肋胸关节（*Art. sternocostales*） 由胸骨两侧的肋窝与真肋的肋软骨构成（图 3-8），活动范围较小。此外，还有肋骨与肋软骨间的肋软骨关节、胸骨柄与胸骨体间的柄胸软骨结合，以及胸骨节片间的胸骨节间软骨结合等。胸骨节间由胸骨韧带（胸骨背侧）和胸骨膜（胸骨腹侧）相连，胸骨韧带前端狭窄，附着于胸骨正中、第 1 对肋附着处的紧后方，后端变宽，附着于剑突软骨。

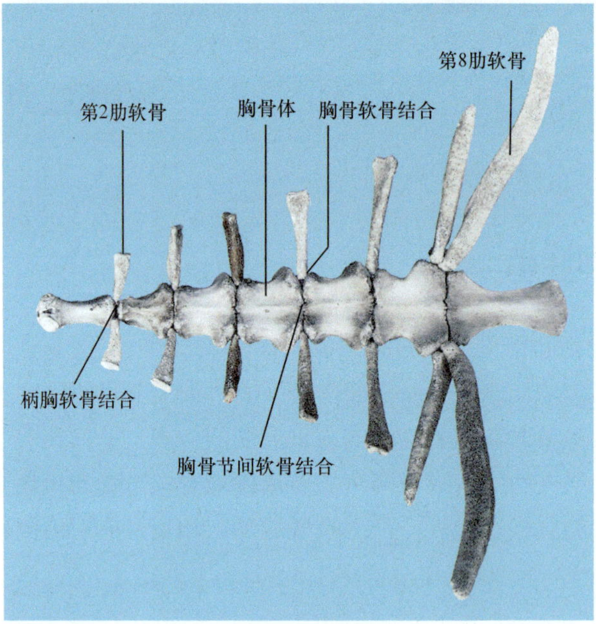

图 3-8 肋胸关节

第三节 头骨的连结

头骨的连结包括纤维连结、软骨连结和滑膜关节，大部分为不能活动的纤维连结和软骨连结，头部唯一可活动的滑膜关节是颞下颌关节（*Art. temporomandibularis*），由颞骨的关节结节与下颌骨的髁状突构成（图 3-9），内有关节盘，将滑膜层分成上大下小两个关节腔；关节囊厚而强，有外侧韧带。两侧的颞下颌关节为联动关节，同时活动可完成开口、闭口和侧向运动等动作。开

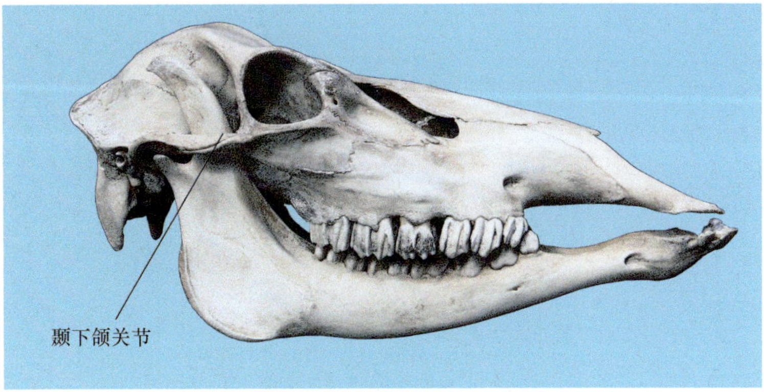

图 3-9 麋鹿的颞下颌关节

口时下颌髁和关节盘向前移动至颞骨的关节结节，闭口时下颌髁位于关节结节后方的凹窝中，侧向运动时一侧的关节盘向前滑动，另一侧的则向后滑动。

第四节 四 肢 关 节

一、前肢关节

前肢的肩胛骨与躯干之间不形成关节，而是通过肩带肌与躯干连结。前肢关节自上而下依次是肩关节、肘关节、桡尺（近、远）关节、腕关节和指关节（图 3-10）。指关节包括掌指关节、近指节间关节和远指节间关节。

1. 肩关节（*Art. humeri*） 由肩胛骨的关节盂和肱骨头构成（图 3-11）。肩关节的活动性大，为多轴关节，理论上可以完成各种运动，但由于受内、外侧肌肉的限制，主要进行屈、伸运动，也可进行小范围的内收、外展运动。

2. 肘关节（*Art. cubiti*） 由肱骨滑车、桡骨头凹和尺骨的滑车切迹构成（图 3-12），分为肱尺关节和肱桡关节。肘关节为单轴关节，只能进行屈、伸运动。

3. 桡尺关节 包括桡尺近关节和桡尺远关节，均无活动性（图 3-13）。

4. 腕关节（*Art. carpi*） 由前臂骨远端、两列腕骨和掌骨近端共同构成的复关节（图 3-14），可进行屈、伸运动。腕关节包括前臂腕关节、腕骨间关节和腕掌关节。

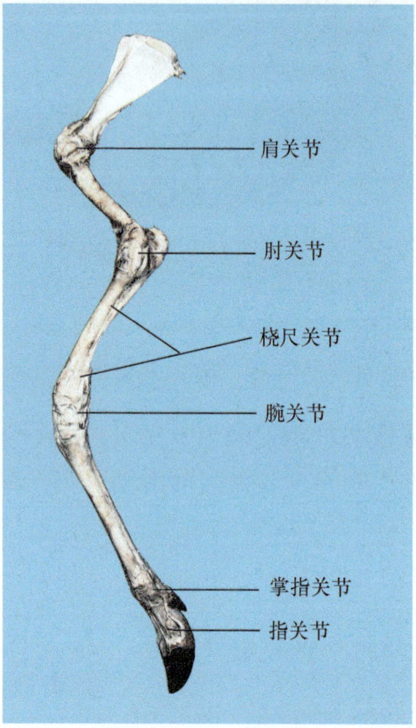

图 3-10　麋鹿的前肢关节

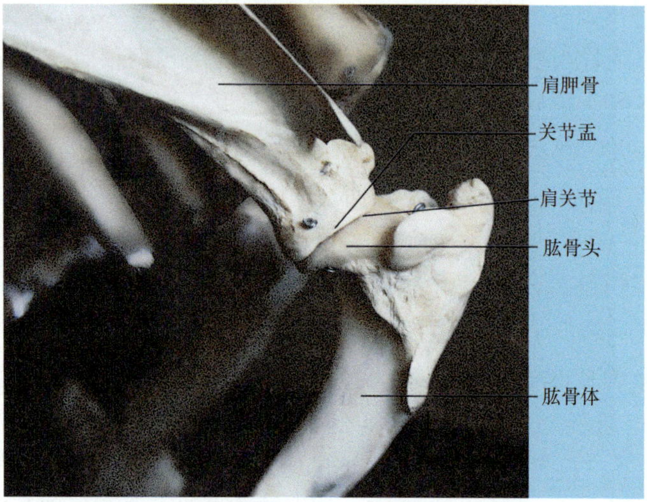

图 3-11　麋鹿的肩关节

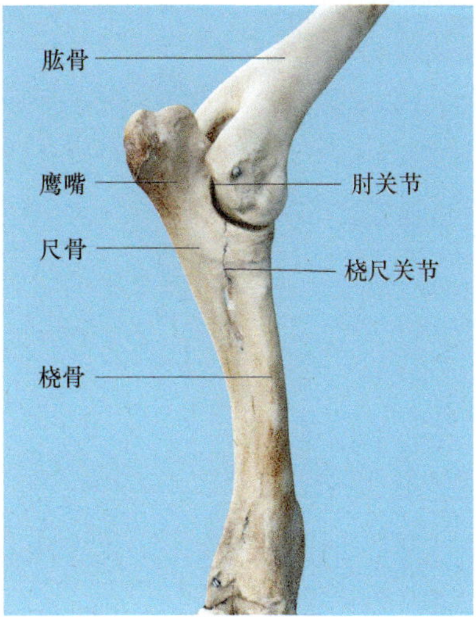

图 3-12　麋鹿的肘关节

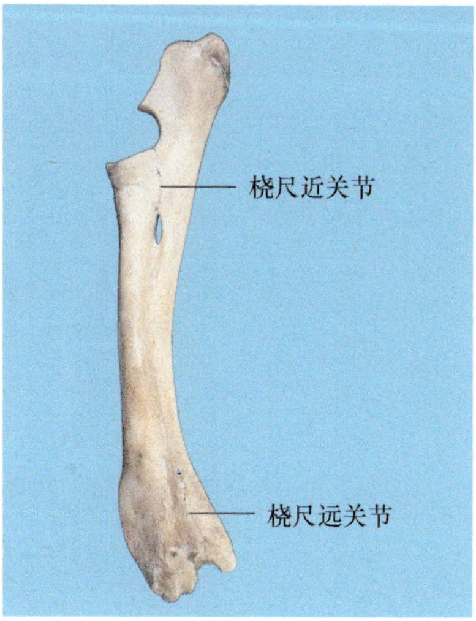

图 3-13　麋鹿的桡尺关节

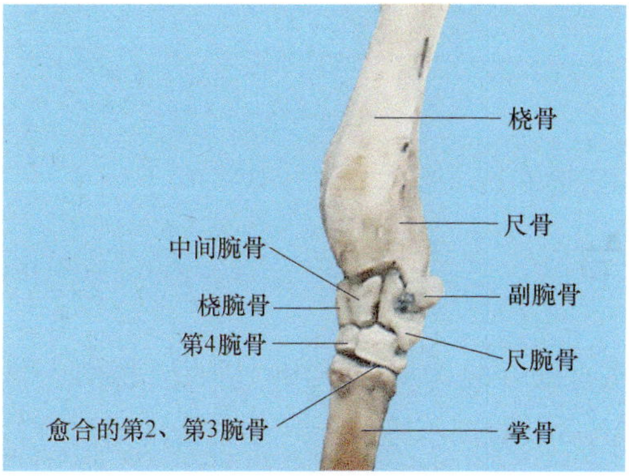

图 3-14　麋鹿的腕关节

5. 指关节　包括掌指关节、近指节间关节和远指节间关节（图 3-15）。掌指关节，也称系关节（*Art. phalangis primae*）或球节，由掌骨远端、近指节骨近端和近籽骨构成。近指节间关节，也称冠关节（*Art. phalangis secundae*），由近指节骨和中指节骨构成。远指节间关节，也称蹄关节（*Art. phalanges tertiae*），由中指节骨、远指节骨和远籽骨构成。

悬指与掌骨、近籽骨不形成关节，借结缔组织连结。

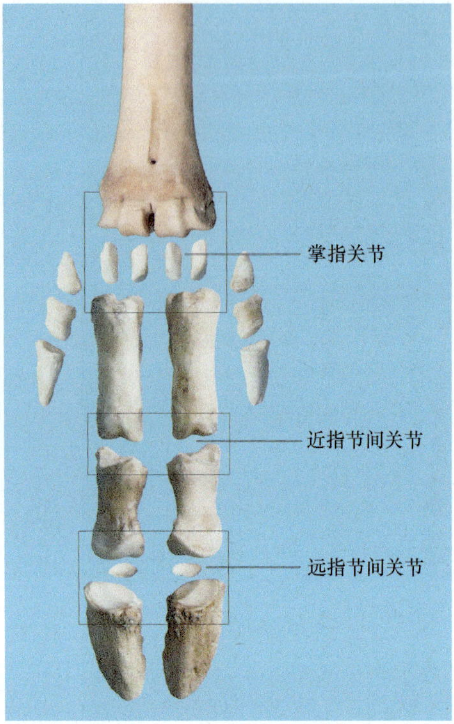

图 3-15 麋鹿的指关节

二、后肢关节

后肢在推动身体前进方面起重要作用，因此，髋骨与荐骨借荐髂关节牢固地连结在一起，以便把后肢肌肉收缩时所产生的推动力沿脊柱传递给前肢。因此，后肢关节包括后肢带与躯干间的荐髂关节和后肢游离部关节。后肢游离部关节包括髋关节、膝关节和后足关节。后足关节包括跗关节、跖趾关节、近趾节间关节和远趾节间关节。后肢游离部各关节与前肢各关节相对应，除趾关节外，各关节角方向相反，这种结构有利于家畜在站立时保持稳定的姿势。后肢各关节除髋关节外，均为单轴关节，有侧副韧带，主要进行屈、伸运动。趾关节的结构与前肢指关节的相似。

1. 荐髂关节（*Art. sacroiliaca*） 由荐骨翼和髂骨翼的耳状面构成（图 3-16），周围有关节囊，并有强大的荐髂腹侧韧带（*Lig. sacroiliaca ventralia*）将躯干与后肢连结在一起，故荐髂关节几乎不能活动。

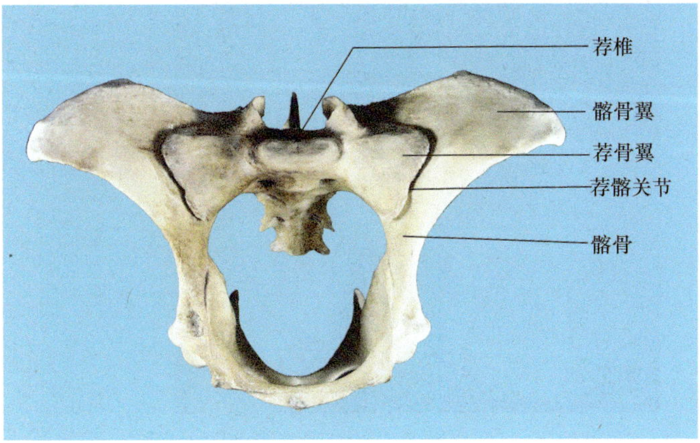

图 3-16　麋鹿的荐髂关节

2. 髋关节（*Art. coxae*）　由髋臼和股骨头构成，为球窝关节（图 3-17，图 3-18）。圆韧带经髋臼切迹连结股骨头凹与髋臼（图 3-18），可限制股骨外展活动。髋关节主要进行屈、伸运动，也可作小范围的内收、外展和旋转运动。

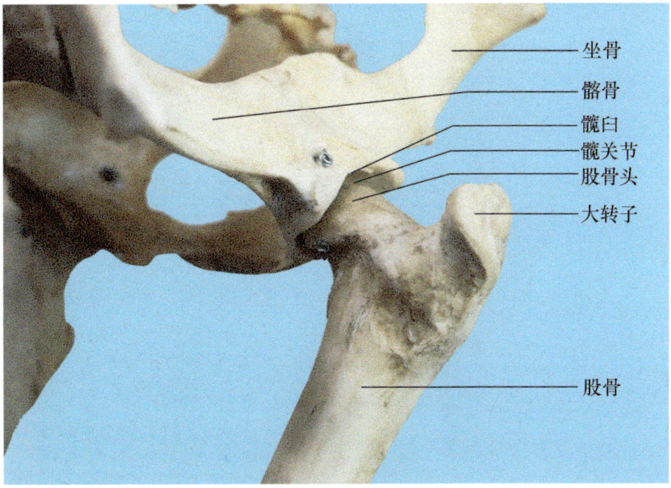

图 3-17　麋鹿的髋关节

3. 膝关节（*Art. genus*）　为股骨、膝盖骨和胫骨构成的复关节，包括股膝关节和股胫关节（图 3-19）。股膝关节（*Art. femoropatellaris*）由股骨滑车与膝盖骨的关节面构成，其运动主要是膝盖骨在股骨滑车上滑动，在股四头肌的作用下向上滑动时，通过膝韧带牵引胫骨向前而伸膝关节，向下滑动时，胫骨向后而屈膝关节。股胫关节（*Art. femorotibialis*）由股骨远端的内、外侧髁和胫骨近端的内、

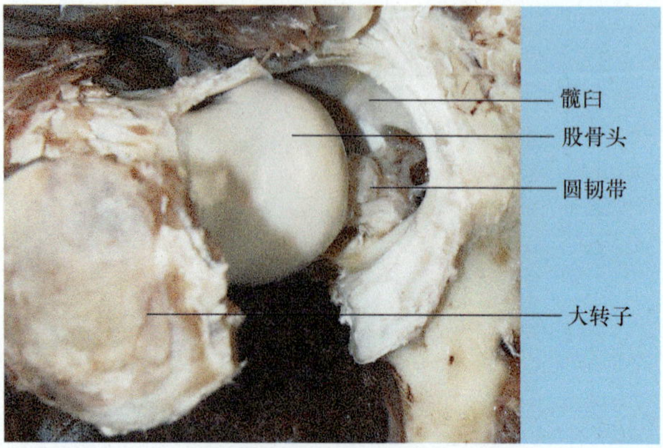

图 3-18 麋鹿的髋关节和圆韧带（固定标本）

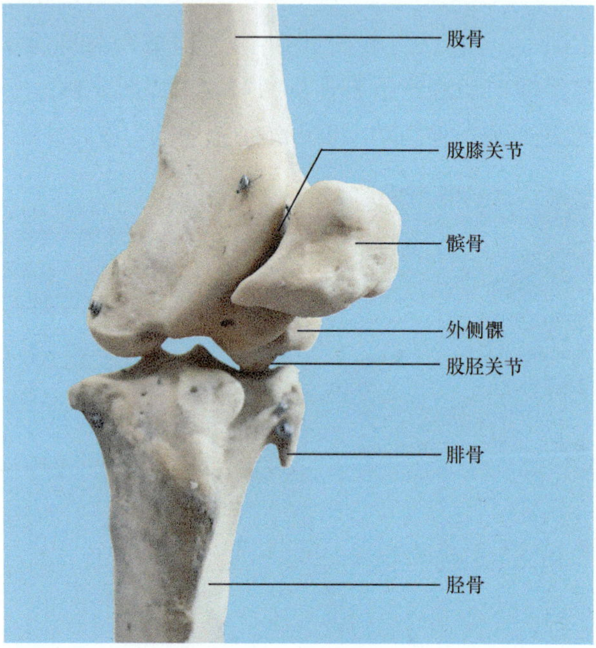

图 3-19 麋鹿的膝关节

外侧髁构成，两骨间夹有内、外侧半月板，使不相符合的关节面相吻合，并减少震动。股胫关节主要进行屈、伸运动，也可进行小范围的旋转运动。

4. 跗关节（*Art. tarsi*） 又称飞节，由小腿骨远端、跗骨和跖骨近端共同构成，为单轴复关节，主要进行屈、伸运动，包括小腿跗关节、跗骨间关节和跗跖关节（图 3-20）。小腿跗关节的活动性最大，其余各关节的活动范围很小。

5. 趾关节（*Phalangeal joint*） 与前肢的掌骨间关节和指关节相似。

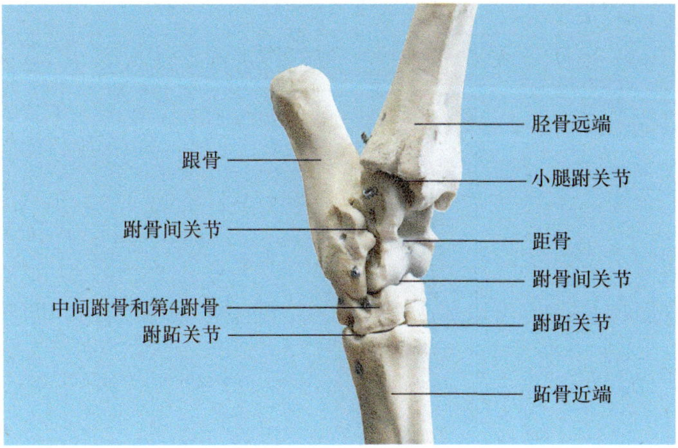

图 3-20 麋鹿的跗关节

第四章

肌　　肉

麋鹿全身肌肉按部位可以分为皮肌、头部肌肉、躯干肌肉和四肢肌肉。

第一节　皮　　肌

皮肌（*M. cutaneus*）是分布于浅筋膜内的薄层肌，紧贴于皮肤深面，个别部位附着于骨。皮肌并不完全覆盖全身肌的表面，根据其分布部位可以分为面皮肌、颈皮肌、肩臂皮肌和胸腹皮肌。皮肌有颤动皮肤、驱赶蚊蝇、抖落水滴和灰尘等作用。

面皮肌为薄而完整的肌层，较发达，覆盖于下颌间隙、咬肌和腮腺的表面，由颈皮肌沿头侧面及腹侧面向口端延伸，与口轮匝肌相连，止于下唇。

躯干皮肌又称胸腹皮肌，在胸腹壁的外侧面（图 4-1），位于躯干浅筋膜内，

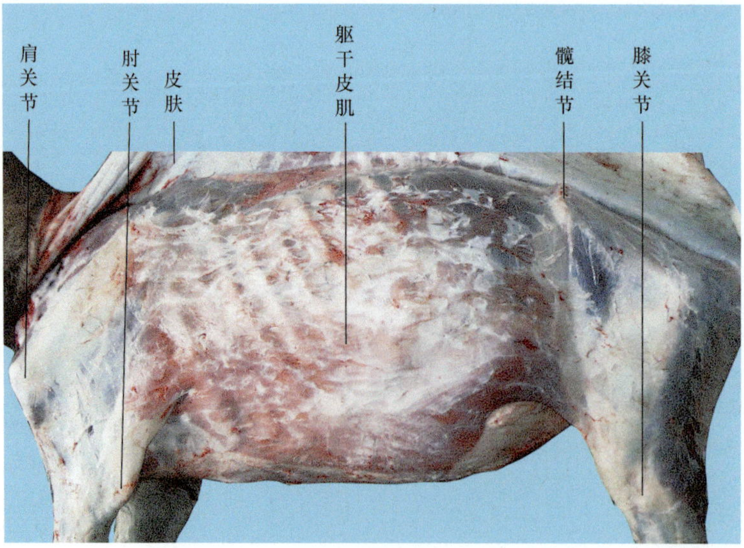

图 4-1　麋鹿的躯干皮肌（固定标本）

肌纤维纵行。麋鹿的躯干皮肌发达，便于驱赶蚊蝇和抖落水珠、尘土、泥块，为适应湿地特征。

第二节　头 部 肌 肉

头部肌肉包括咀嚼肌、颜面肌、眼球肌和舌咽肌、喉肌（图 4-2）。

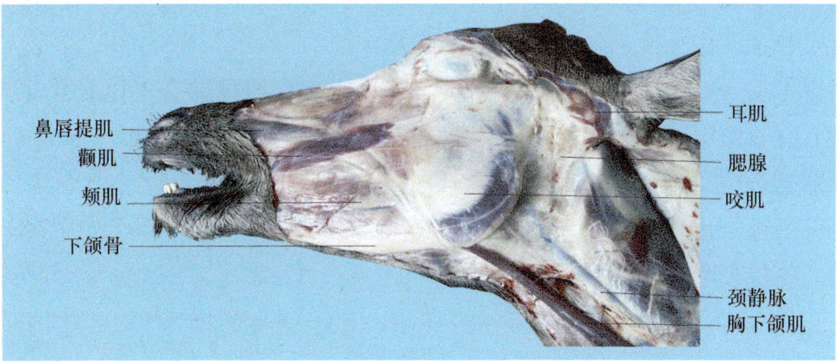

图 4-2　麋鹿头部肌肉

1. 咀嚼肌　是参与咀嚼活动的肌肉群，起于颅骨，止于下颌骨，有牵引下颌骨开口、闭口和咀嚼的作用。包括开口肌和闭口肌。闭口肌有咬肌、颞肌和翼肌，开口肌有二腹肌和枕下颌肌。

咬肌强厚，位于下颌支外侧面，自颧弓伸向下颌支，表面被有厚而发亮的腱膜，内含大量腱质的强大肌肉（图 4-2），分浅、深两部分。浅部以腱膜起于颧骨，向后下方延伸，止于下颌支下半部边缘上；深部起于颧弓，止于下颌支外侧面。两侧肌同时收缩，可上提下颌；交替收缩，使下颌左右运动，以咀嚼食物。

颞肌位于颞窝内，起于颞窝的粗糙面，止于下颌骨冠状突。作用同咬肌。

翼肌位于下颌支内侧面。起于翼骨、蝶骨翼突和腭骨水平部，止于下颌支内侧面。作用同咬肌。

二腹肌明显分为两个肌腹，起于枕骨颈静脉突向前下方，止于下颌骨体腹侧缘及内侧面。可下降下颌，使口开张。

2. 颜面肌　包括口轮匝肌、颧肌、鼻唇提肌、犬齿肌、上唇提肌、唇降肌、颊肌、下唇降肌和颊提肌。

口轮匝肌为环绕口裂周围的括约肌，环绕在上、下唇的皮肤与黏膜之间，构成唇的基础。收缩时可闭口。

颧肌较发达，为一扁平带状肌（图 4-2）。位于颊部皮下，起于颧骨与额骨接合处，肌腹走向前下方，与口轮匝肌相混，可缩口角。

鼻唇提肌位于颜面鼻侧部皮下（图 4-2），一部分以腱膜起于鼻背侧，止于鼻外翼；另一部分以强腱起于眶前部，其肌纤维与前一部分相融合，止于上唇。可开张鼻孔，提举上唇。

犬齿肌起于眶下孔后方，肌腹向前延伸，逐渐变宽，止于鼻外翼。

上唇提肌起于眶下孔后方，向前上方延伸到鼻背侧，达鼻孔内侧，与对侧同肌腱相融合，止于上唇。有提上唇的作用。

唇降肌位于犬齿肌腹侧，起始部与犬齿肌起始部相融合，以腱止于上唇。有下降上唇的作用。

颊肌很发达，位于颊部，构成口腔侧壁的基础（图 4-2）。起于上颌骨和下颌骨的齿槽缘，止于口角，与口轮匝肌相融合。可压扁颊部，将食物推至上、下齿之间，参与吸吮、咀嚼等动作。

下唇降肌位于下颌骨体颊齿部的外侧，起于臼齿齿槽缘和上颌结节，止于下唇。可下降下唇，并向后牵引下唇。

颊提肌被鼻唇提肌覆盖，呈扇形，起于眶前部，止于颊肌。

第三节 躯 干 肌 肉

躯干肌肉包括脊柱肌、颈腹侧肌、胸壁肌、腹壁肌和尾肌（图 4-3）。

1. 脊柱肌 包括背腰最长肌、夹肌、颈最长肌、头寰最长肌、髂肋肌、背颈棘肌、头半棘肌和颈长肌。

背腰最长肌（*M. longissimus thoracis et lumborum*）为全身最长的三棱形肌肉，由许多肌束合并而成，表面被覆有厚而发亮的背腰筋膜，起于荐骨、髂骨，肌腹填充在腰椎、胸椎的棘突与横突之间形成的三角形空隙内，止于腰椎关节突、腰椎横突、胸椎横突、肋的椎骨端和第 7 颈椎横突（图 4-4）。背腰最长肌可伸腰背，协助呼气，跳跃时能提举躯干前部或者后部。

夹肌（*M. splenius*）宽而薄，呈三角形，从鬐甲部伸向头部，后部位于斜方肌、菱形肌、臂头肌和颈腹侧锯肌深部。两侧肌同时收缩可抬头颈，一侧收缩则偏头颈。

颈最长肌（*M. longissimus cervicis*）位于颈背弯曲部，为夹肌腹侧缘的三角形

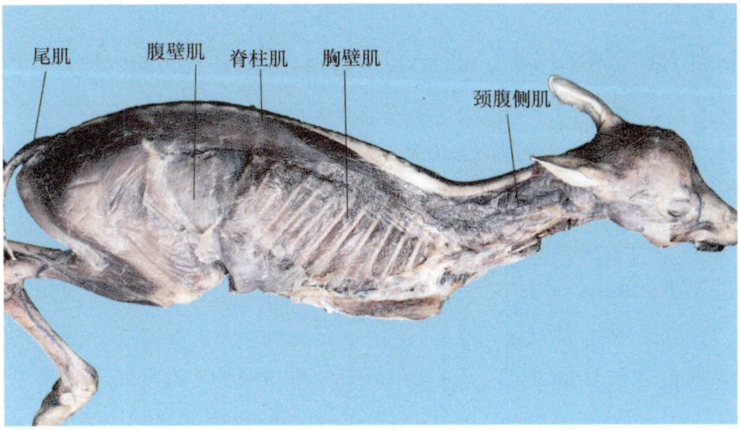

图 4-3　麋鹿躯干肌肉分部（固定标本）

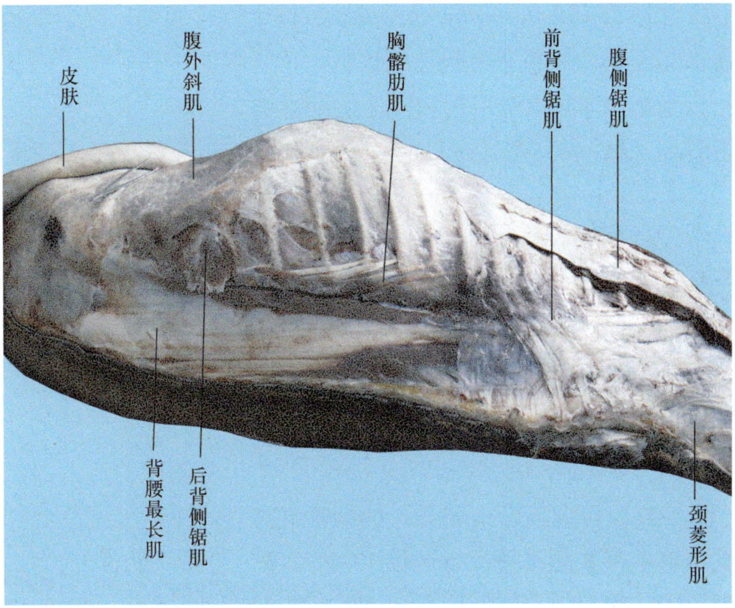

图 4-4　麋鹿的背腰最长肌（固定标本）

扁肌，是背腰最长肌的向前延续，止于后 4 个颈椎横突。

头寰最长肌（*M. longissimus capitis et atlantis*）位于夹肌深层，有两条平行的梭形肌束构成，起于第 1 胸椎横突和第 3 ～ 7 颈椎关节突，背侧的较宽，称为头最长肌，止于颞骨；腹侧的较窄，称为寰最长肌，止于寰椎翼。

髂肋肌（*M. iliocostalis*）位于背腰最长肌的外侧缘，起于前 3 个腰椎横突和后 10 个肋骨外侧面，止于前部肋骨椎骨端后缘和第 7 颈椎横突（图 4-4）。可使肋骨向后，协助呼气。

背颈棘肌（*M. spinalis dorsi et cervicis*）位于背腰最长肌的内侧，起于第6腰椎，止于第2颈椎。

头半棘肌（*M. semispinalis capitis*）呈三角形板状，具有腱划，起于前9个胸椎横突和第3～7颈椎关节突，以宽腱止于枕骨，位于夹肌和头寰最长肌的内侧。作用同夹肌。

颈长肌（*M. longus colii*）位于寰椎至第6、第7胸椎椎体之间腹侧，由许多肌束组成。主要作用是屈颈。

2. 颈腹侧肌 包括胸头肌、胸骨甲状舌骨肌和肩甲舌骨肌。

胸头肌（*M. sternocephalicus*）是位于颈静脉沟腹侧的长带状肌，起于胸骨柄，止于下颌骨后缘。可屈头颈。

胸骨甲状舌骨肌（*M. sternothyrohyoideus*）位于气管腹侧，扁平带状。起于胸骨柄，向前分为两支，外侧支为胸骨甲状肌，止于喉的甲状软骨；内侧支为胸骨舌骨肌，止于舌骨。可向后牵引舌和喉，协助吞咽。

肩胛舌骨肌（*M. omohyoideus*）为三角形薄肌，起于第3～5颈椎横突，止于舌骨体。

3. 胸壁肌 包括前背侧锯肌、肋腰肌、肋间外肌、斜角肌、胸直肌、胸廓横肌、膈肌、后背侧锯肌和肋间内肌。

前背侧锯肌（*M. serratus dorsalis anterior*）呈四边形，位于胸壁的前上部，在背阔肌和腹侧锯肌深部，以腱膜起于第1～3胸椎项韧带的索状部，肌纤维斜向后方（图4-4）。可向前牵引肋骨，协助吸气。

后背侧锯肌（*M. serratus dorsalis posterior*）位于胸侧壁的后上部，肌纤维走向前下方（图4-4）。可向后牵引肋骨，协助呼气。

肋腰肌由第1～3腰椎横突走向第13肋后缘，可防止肋过度扩张。

肋间肌分为肋间外肌和肋间内肌（图4-5，图4-6）。肋间外肌（*Mm. intercostales externi*）位于肋间隙的浅层，由前一肋后缘斜向后下方，止于后一肋前缘，但不伸到肋软骨间隙。可向前外方牵引肋骨，扩大胸腔横径，引起吸气。肋间内肌（*Mm. intercostales interni*）位于肋间外肌的深面，肌纤维由后上方斜向前下方，起于后一肋前缘，止于前一肋后缘，并向下伸达肋软骨间隙内。肋间外肌与肋间内肌之间有一薄层沿肋骨纵行纤维。

斜角肌（*M. scalenus*）位于颈后部的腹外侧，分为上、下两部分，臂神经丛从其间通过。可牵引前部肋向前，协助吸气。

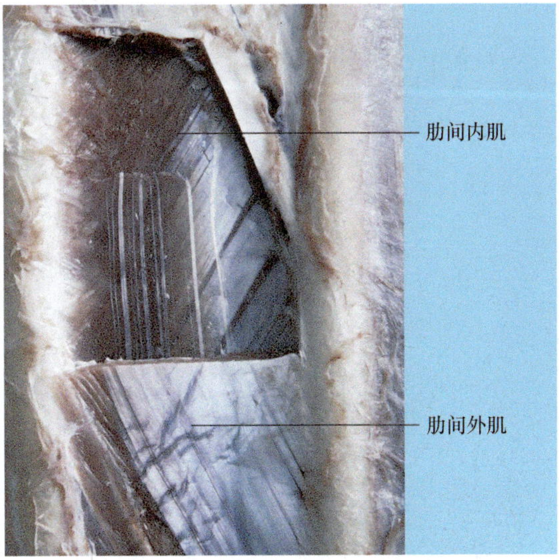

图 4-5　麋鹿的肋间肌（固定标本）

胸直肌（*M. rectus thoracis*）为四边形薄肌，位于胸廓的前下部，起于第 1 肋骨外面，止于第 4 肋软骨上端及胸骨外侧面。可协助吸气。

胸廓横肌（*Thoracic transverse muscle*）是扁平肌，位于胸骨和真肋肋软骨的胸腔面，起于胸骨韧带，肌纤维向两侧止于真肋肋软骨（图 4-6）。可牵引肋骨与肋软骨向内后方挤压胸腔，协助呼气。

膈肌（*Diaphragma*）为一宽大的圆形肌，位于胸、腹腔之间，由周围的肌质部和中央的腱质部构成，凸向胸腔（图 4-7）。膈上有 3 个孔，自上向下为：主动

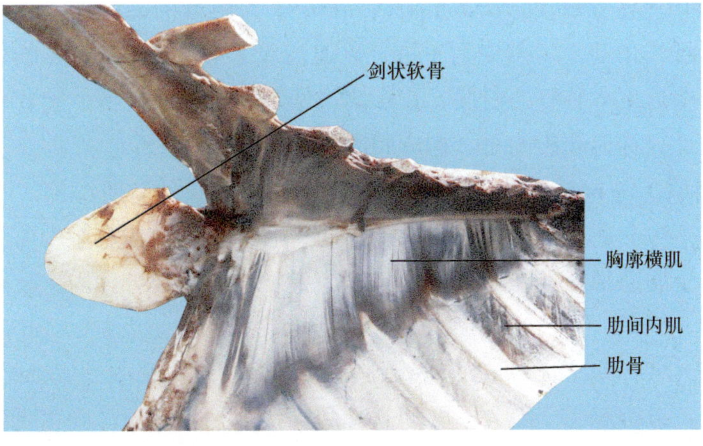

图 4-6　胸廓横肌（固定标本）

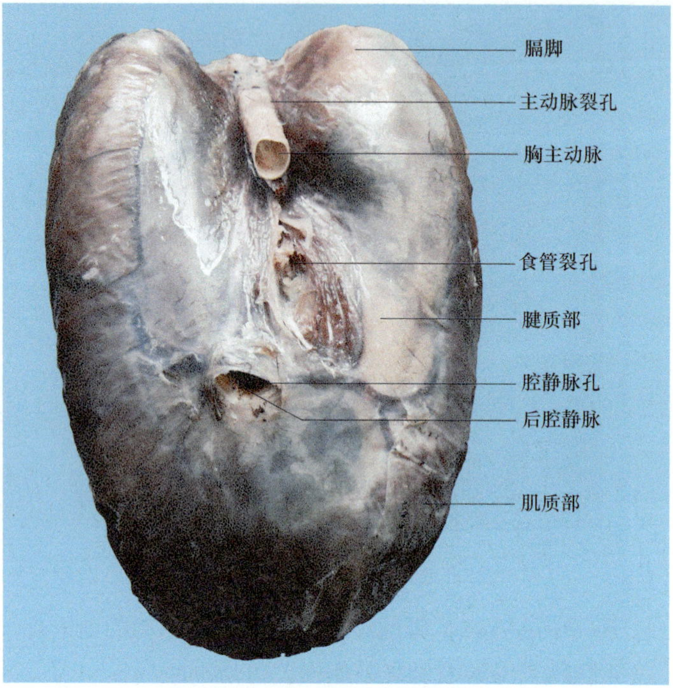

图 4-7 麋鹿的膈肌（固定标本）

脉裂孔，在左、右膈脚之间，供主动脉、左奇静脉和胸导管通过；食管裂孔，位于右膈脚中，供食管通过；腔静脉孔，位于中心腱，供后腔静脉通过。膈收缩时，引起吸气动作。

4. 腹壁肌 包括腹外斜肌、腹内斜肌、腹直肌和腹横肌。

腹外斜肌（*M. obliquus abdominis externus*）为腹壁的最外层，表面被胸腹皮肌覆盖，肌纤维由前上方斜向后下方，以肌齿起于后 8 个肋下 1/3 的外面和肋间外肌，到腹壁后下方移行为腱膜，止于腹白线、髂骨、耻骨等。腱膜自耻骨前腱至髋结节的部分称为腹股沟弓，构成腹股沟管的后外壁。

腹内斜肌（*M. obliquus abdominis internus*）位于腹外斜肌深部，肌纤维由后上方斜向前下方。起于髋结节，止于最后肋骨后缘、腹白线和耻骨前腱。肌质部呈扇形，位于腹胁部，约在腹侧壁中部转为腱膜部。腱膜分为内、外两层，形成腹直肌的内、外鞘。

腹直肌（*M. rectus abdominis*）位于腹底壁，为两端狭窄中部宽大的长板状肌，肌纤维纵走，以强腱起于第 4 ～ 8 肋软骨和剑状软骨，前端与胸直肌相连，后端止于耻骨前缘。腹直肌前部具有 6 个腱划（图 4-8）。

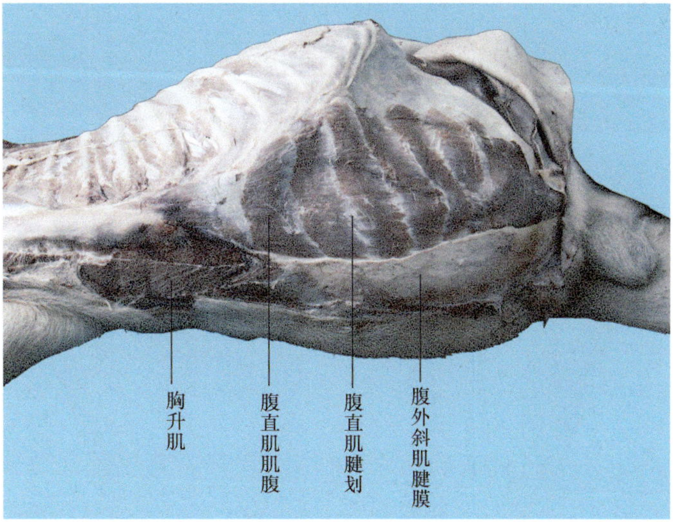

图 4-8　麋鹿的腹直肌（固定标本）

腹横肌（*M. transversus abdominis*）为腹壁肌最内层，肌纤维上下横走，以肉质起于肋弓内面和腰椎横突，止于腹白线。

腹股沟管（*Canalis inguinalis*）位于耻骨前腱膜外侧，是通过腹底壁后部斜的扁管。雌鹿的腹股沟管仅供血管神经通过，雄鹿的腹股沟管还有鞘膜、精索、提睾肌通过。如果内口过大，小肠可进入管内，形成疝。

腹白线为一位于腹底壁正中线上的白色纤维索，自剑状软骨伸至耻骨前腱，主要由两侧腹内斜肌、腹外斜肌和腹横肌的腱膜交织而成。在白线的中部有脐的痕迹。

腹壁肌收缩时，能增大腹压，协助分娩、排粪、排尿，亦可屈曲脊柱。

第四节　前 肢 肌 肉

前肢肌肉包括肩带肌、肩关节肌肉（肩部肌）、肘关节肌肉（臂部肌）、腕关节肌肉（前臂部肌）、指关节肌肉（前脚部肌）（图 4-9，图 4-10）。

1. 肩带肌　是连结前肢与躯干的肌肉，多为板状肌，起于躯干骨，止于肩胛骨、肱骨和前臂骨，有斜方肌、菱形肌、肩胛横突肌、臂头肌、背阔肌、胸肌和腹侧锯肌。

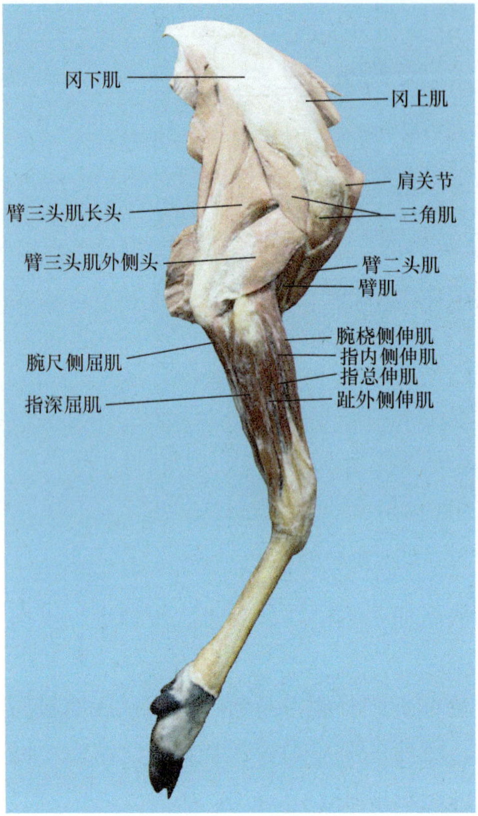

图 4-9　麋鹿前肢外侧肌肉（塑化标本）

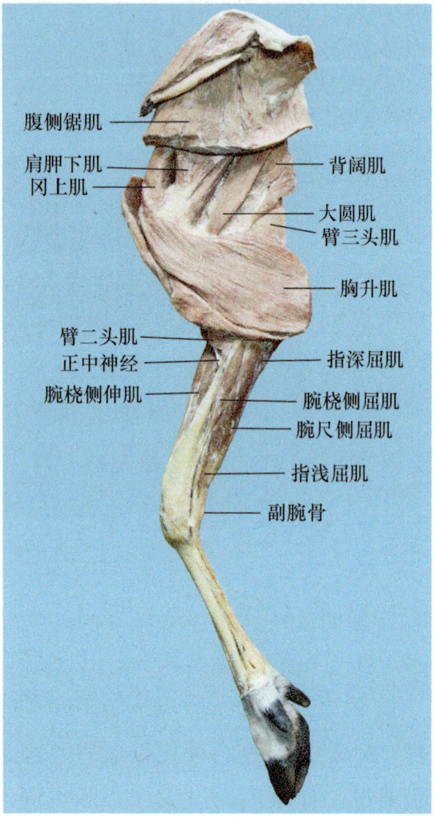

图 4-10　麋鹿前肢内侧肌肉（塑化标本）

斜方肌（*M. trapezius*）呈顶端朝下扁平三角形板状，位于项韧带索状部及棘上韧带和肩胛冈之间，起于项韧带及棘上韧带，止于肩胛冈。分为颈、胸两部分，两部分界限不明显，颈部较薄。主要作用是提举、摆动和固定肩胛骨。

菱形肌（*M. rhomboideus*）位于斜方肌深部，分为颈、胸两部分。颈部菱形肌呈柱状，较厚，起于第 2 颈椎至第 3 胸椎颈项韧带索状部，止于肩胛软骨内侧面。胸部菱形肌较薄，起于第 3 ～ 6 胸椎棘突韧带，止于肩胛软骨上缘。主要作用是向上方牵引肩胛骨，前肢不动时可伸颈。

肩胛横突肌（*M. omotransversarius*）为薄带状肌，位于颈侧部，以腱膜起于寰椎翼，肌纤维走向后下方，止于肩胛冈和三角肌筋膜。可牵引前肢向前或侧偏头颈。

臂头肌（*M. brachiocephalicus*）位于颈侧部皮下，构成颈静脉沟的上界。臂头肌为由臂骨到头部的长带状肌，被覆于肩关节前面和颈部侧面的大部分，后上缘与肩胛横突肌相邻。腹侧缘与胸头肌形成颈静脉沟。臂头肌可牵引前肢向前、伸肩关节；在前肢踏地而两侧共同动作时可伸展头颈，一侧动作时可偏头颈。

背阔肌（*M. latissimus dorsi*）是位于胸部两侧宽大的扇状扁平肌，起于背腰筋膜及第 12、第 13 肋骨及肋间外肌，止于大圆肌结节及肱骨内侧结节。主要作用是向后上方牵引肱骨，屈肩关节；当前肢踏地时，则牵引躯干向前，可协助吸气。

胸肌（*Mm. pectoralis*）是位于胸底壁和臂部之间的肌肉，分为胸浅肌和胸深肌。胸浅肌分为前部的胸降肌和后部的胸横肌两部分，分界不明显。胸降肌起于胸骨柄两侧，止于肱骨嵴；胸横肌起于胸骨体的两侧，止于前臂筋膜。胸浅肌主要有内收前肢的作用。胸深肌分为后部发达的胸升肌和前部狭小的锁骨下肌。胸升肌呈长三角形，前窄而厚，后宽而薄，纤维略纵走，起于胸骨腹侧面及腹黄膜，止于肱骨大结节和小结节。锁骨下肌起于第 1 肋的肋软骨，止于臂头肌的深面。胸深肌可内收及后退前肢；当前肢前踏时，可牵引躯干向前。

腹侧锯肌（*M. serratus ventralis*）为一宽大的扇形肌，分为颈、胸两部分。颈腹侧锯肌很发达，肉质厚，肌纤维斜向后上方，起于第 3 ～ 7 颈椎横突及前 4 个肋外面；胸部小而薄，肌纤维斜向前上方，被有腱膜，起于前 9 肋骨的外面，两部分别止于肩胛骨前后锯肌面与肩胛软骨。

左右腹侧锯肌形成一弹性吊带，将躯干悬吊在两前肢之间。前肢不动时，两侧肌同时收缩，可提举躯干；颈腹侧锯肌收缩可举头颈，胸腹侧锯肌还可以协助吸气；一侧收缩，可将身体重心移至对侧前肢，便于提举同侧前肢。

2. 肩关节肌肉　包括冈上肌、三角肌、大圆肌、小圆肌、肩胛下肌、冈下肌和喙臂肌。冈上肌是肩关节的伸肌，冈下肌、三角肌和小圆肌是肩关节的外侧屈肌，而肩胛下肌、大圆肌和喙臂肌是肩关节的内侧屈肌。

冈上肌（*M. supraspinatus*）位于冈上窝内，起于肩胛软骨、肩胛冈和冈上窝，向下分为两支，止于臂骨大结节、小结节（图 4-9，图 4-10）。除伸肩关节外，还可固定肩关节。

三角肌（*M. deltoideus*）呈三角形薄板状，位于肩关节的后方。起于肩胛冈、冈下肌表面胸筋膜，止于肱骨的三角肌结节（图 4-9）。可屈肩关节和外展肱骨。

大圆肌（*M. teres major*）呈长梭形，位于肩胛下肌的后方，起于肩胛骨后缘上部，止于大圆肌结节（图 4-10）。可屈肩关节，还可内收肱骨。

小圆肌（*M. teres minor*）较小，位于肩关节后部，在三角肌与冈下肌之间的内侧，起于肩胛骨后缘下部，止于肱骨上部外面。

肩胛下肌（*M. subscapularis*）位于肩胛骨的内侧面，起于肩胛下窝和肩胛软骨，止于肱骨小结节（图 4-10）。可屈肩关节，并代替内侧侧副韧带以起固定肩关节的作用。

冈下肌（*M. infraspinatus*）位于冈下窝内，起于冈下窝、肩胛冈和肩胛软骨，止于肱骨大结节（图 4-9）。除屈肩关节外，还可外展肱骨，并起外侧侧副韧带以固定肩关节的作用。

喙臂肌（*M. coracobrachialis*）位于肩关节背内侧面，为含有腱质的扁平三角形肌。起于肩胛骨喙突至肱骨内侧面。作用同大圆肌。

3. 肘关节肌肉 包括臂三头肌、肘肌、前臂筋膜张肌、臂二头肌和臂肌。

臂三头肌（*M. triceps brachii*）发达，位于肩胛骨与肱骨形成的三角形夹角内（图 4-9）。肌腹大，分为三头：长头，呈三角形，起于肩胛骨后缘，止于肘突；外侧头较小，呈四边形，位于长头与臂肌之间，起于臂骨上部外面，止于肘突外侧面；内头最小，位于肱骨内侧面，起于肱骨内侧面，止于肘突。臂三头肌主要作用是伸肘关节，长头还可屈肩关节。

肘肌（*M. anconeus*）较小，起于肱骨肘窝周围，位于臂三头肌外侧头的深面，止于肘突，覆盖肘窝。

前臂筋膜张肌（*M. tensor fasciae antebrachii*）位于臂三头肌的内侧面及后缘，起于肩胛骨后缘，止于肘突和前臂筋膜。除伸肘关节外，还能屈肩关节和紧张前臂筋膜。

臂二头肌（*M. biceps brachii*）呈圆柱形，起于肩胛结节，沿臂骨的臂二头肌沟下行，止于桡骨近端的桡骨结节（图 4-9，图 4-10）。臂二头肌除屈肘关节外，还可伸肩关节。

臂肌（*M. brachialis*）位于肱骨的臂肌沟内，起于肱骨上部后面和外侧面，止于桡骨上部的内侧面（图 4-9）。可屈肘关节。

4. 腕关节肌肉 包括腕桡侧伸肌、拇长外展肌（腕斜伸肌）、腕尺侧伸肌、腕桡侧屈肌和腕尺侧屈肌。

腕桡侧伸肌（*M. extensor carpi radialis*）位于前臂部的前外侧面，起于肱骨下部外侧，止于掌骨近端背侧（图 4-9，图 4-10）。主要作用为伸腕关节，尚能屈肘关节。

拇长外展肌（*M. abductor pollicis longus*）较小，位于桡骨、尺骨之间的外侧沟中，起于桡骨近端外侧及桡骨、尺骨外缘，斜经腕关节的内侧面，止于掌骨上端内侧。可伸腕关节。

腕尺侧伸肌（*M. extensor carpi ulnaris*）位于前臂部的后外侧面，起于肱骨外侧上髁，止于掌骨上端及副腕骨。可屈腕关节，亦可伸肘关节。

腕桡侧屈肌（*M. flexor carpi radialis*）位于前臂部内侧面，起于肱骨内侧上髁，止于掌骨近端（图 4-10）。可屈腕关节，亦可伸肘关节。

腕尺侧屈肌（*M. flexor carpi ulnaris*）位于前臂部内侧面，起于臂骨内侧上髁和肘突，止于副腕骨（图 4-9，图 4-10）。可屈腕关节，亦可伸肘关节。

5. 指关节肌肉　包括指总伸肌、第 3 指固有伸肌、第 4 指固有伸肌、指浅屈肌和指深屈肌。

指总伸肌（*M. extensor digitalis communis*）位于前臂部的外侧面（图 4-9），起于肱骨外侧上髁、桡骨近端外侧及前臂骨间隙上部的横韧带，于前臂中部会合成总腱，沿腕骨和掌骨的背侧面下行，至系关节上部分为两支，分别止于第 3 指和第 4 指的远指节骨伸肌突。主要作用是伸指关节和腕关节，亦可以屈肘关节。

第 3 指固有伸肌又称指内侧伸肌（*M. extensor digitalis medialis*），位于腕桡侧伸肌与指总伸肌之间，在掌部沿指总伸肌腱的内侧下行，至系关节上部分出小支走向第 2 指背侧，止于第 2 指蹄骨，主腱沿第 3 指背侧下行，止于第 3 指冠骨近侧端。

第 4 指固有伸肌位于前臂部的外侧，在掌部沿指总伸肌腱的后外缘下行，一部分止于第 4 指系骨，一部分止于第 4 指冠骨的背侧面，一部分止于第 4 指蹄骨，还有一细腱止于第 5 指蹄骨。

指浅屈肌（*M. flexor digitalis superficialis*）位于腕尺侧屈肌深部（图 4-10），肌腹分为浅、深两部分，各有一腱，共同起于肱骨内侧上髁，其中浅支的一小部分止于副腕骨，大部分下行，在系关节上部与深支腱合成总腱，然后形成两个腱管，向下分为两支，分别止于第 3 及第 4 指的冠骨。主要作用是屈腕关节和指关节，亦可伸肘关节。

指深屈肌（*M. flexor digitalis profundus*）位于指浅屈肌深部（图 4-9，图 4-10），由肱骨头、桡骨头、尺骨头构成。3 个头在腕关节上方合成一总腱下行，至掌骨远端分为两支，分别穿通指浅屈肌腱环后，止于第 3、第 4 指蹄骨屈肌面。作用同指浅屈肌。

第五节　后 肢 肌 肉

后肢肌肉包括髋关节肌肉、膝关节肌肉、跗关节肌肉和趾关节肌肉（图 4-11，图 4-12）。

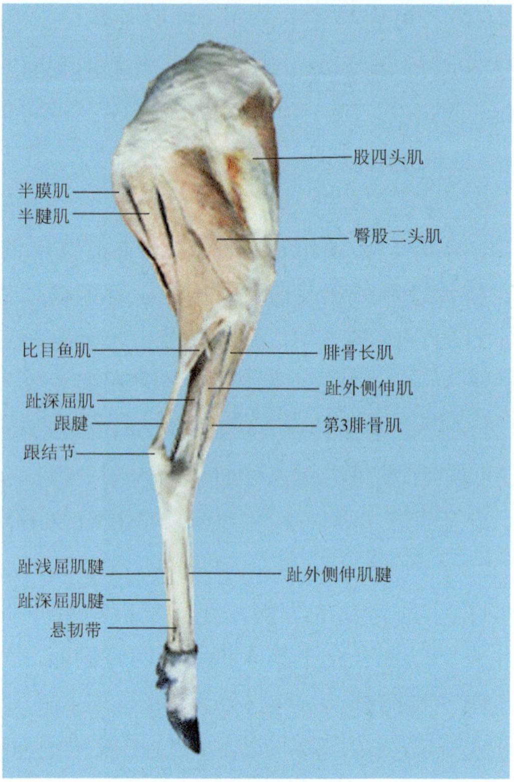

图 4-11　麋鹿的后肢外侧肌肉（塑化标本）

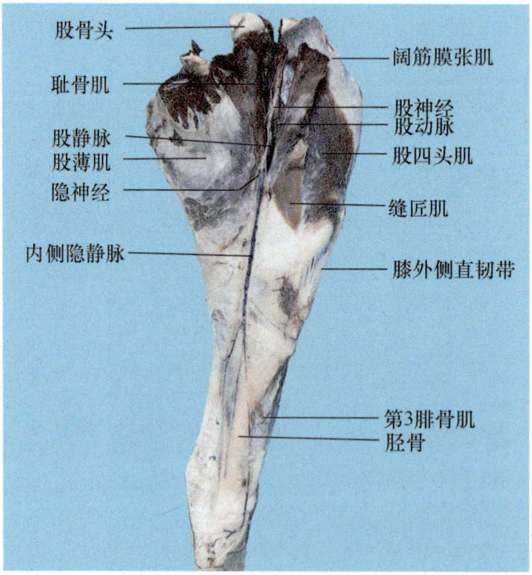

图 4-12　麋鹿的后肢内侧肌肉（固定标本）

1. 髋关节肌肉　包括臀中肌、臀深肌、臀股二头肌、半腱肌、半膜肌、股方肌、腰小肌、髂腰肌、阔筋膜张肌、缝匠肌、耻骨肌、股薄肌和内收肌。

臀中肌（*M. gluteus medius*）肌腹很发达，臀中肌深层也称为臀副肌，起于背腰最长肌腱膜及髂骨，止于股骨大转子。有伸髋关节、外展及旋外后肢的作用，还参与站立、踢及推进躯干等动作。

臀深肌（*M. gluteus profundus*）薄而宽，位于臀中肌和臀副肌深部，起于髂骨体外面，止于股骨近端外侧面。主要作用是旋内股骨。

臀股二头肌（*M. gluteobiceps*）长而宽大，位于臀部的外侧面，起于荐骨棘突、荐骨坐骨韧带和坐骨结节，其末端分为三支，前支止于髌骨、髌外侧韧带；中支止于胫骨嵴；后支止于跟结节。主要作用是伸髋关节，亦可伸膝关节和跗关节；可推进躯干，参与后踢及竖立等动作，在提举后肢时可屈膝关节。

半腱肌（*M. semitendinosus*）位于臀股二头肌后部，肌腹也很发达，呈锥形。起于坐骨结节，止于胫骨嵴，少部分以腱膜止于跟结节。作用同臀股二头肌。

半膜肌（*M. semimembranosus*）位于半腱肌后部，呈三棱形，起于坐骨结节，止于股骨内侧上髁、胫骨内侧面。可伸髋关节和内收后肢。

股方肌（*M. quadratus femoris*）位于髋关节后方的小肌，起于坐骨结节，止于股骨小转子。可内收后肢，并使股骨向外转动。

腰小肌（*M. psoas minor*）位于腰椎腹侧，起于后两个胸椎及腰椎体腹侧，向后方延伸，止于髂骨的腰肌结节。

髂腰肌（*M. iliopsoas*）分为腰大肌和髂肌。腰大肌位于后两个胸椎椎体及腰椎横突，肌腹向后延伸，与髂肌两个头共同止于股骨小转子。髂肌由内、外两个头构成，分别起于髂骨翼内侧面和髂骨体，肌腹走向后下方，止于股骨小转子。

阔筋膜张肌（*M. tensor fascia lata*）位于股部的前方皮下浅层，呈三角形。起于髋结节，向下扇形展开，止于髌骨和胫骨近端。有紧张阔筋膜、屈髋关节和伸膝关节的作用。

缝匠肌（*M. sartorius*）为狭长带状肌，位于股部内侧皮下，起于腰小肌腱，止于胫骨嵴。可伸膝关节、屈髋关节及内收后肢。

耻骨肌（*M. pectineus*）呈圆锥形，起于耻骨前缘腹侧面，止于股骨内侧。有内收后肢及屈髋关节的作用。

股薄肌（*M. gracilis*）位于股骨内侧皮下，呈板状，薄而宽，起于骨盆联合腹侧面和耻骨前缘，止于髌骨内侧韧带、胫骨嵴。有内收后肢及伸膝关节的作用。

内收肌（*M. adductor*）位于股薄肌深部，呈三棱形肌，起于坐骨和耻骨的腹侧面，止于股骨内侧面。可内收后肢，亦可伸髋关节及旋内股骨。

2. 膝关节肌肉 包括股四头肌和腘肌。

股四头肌（*M. quadriceps femoris*）非常强大，位于股骨前面，以及内、外两侧。有 4 个头，分别为股直肌、股内侧肌、股外侧肌和肌中间肌。除股直肌两个短腱起于髂骨体的两侧外，其他三肌分别起于股骨内侧、外侧和前面，共同止于髌骨。股四头肌为富有肌纤维的动力肌，为膝关节的伸肌。

腘肌（*M. popliteus*）呈三角形，位置深，位于膝关节的后面，以一圆腱起于远端的腘肌窝，向内、外侧扩展而止于胫骨后面上部，为膝关节的屈肌。

3. 跗关节肌肉 包括腓肠肌、比目鱼肌、胫骨前肌、第 3 腓骨肌和腓骨长肌。

腓肠肌（*M. gastrocnemius*）肌腹呈纺锤形，分内、外侧两个头，分别起于股骨的髁上窝内、外侧嵴，肌腹沿小腿骨跖侧面合成一强腱下行，止于跟结节。为跗关节强而有力的伸肌。

比目鱼肌（*M. soleus*）为一小而薄的带状肌，位于小腿外侧上半部，在腓肠肌外侧头的前方。起于腓骨头，止于腓肠肌腱。可辅助腓肠肌伸跗关节。

胫骨前肌（*M. tibialis anterior*）紧贴于胫骨前外面，起于胫骨粗隆和胫骨嵴，止于大跖骨。可屈跗关节。

第 3 腓骨肌（*M. peroneus tertius*）为发达的纺锤形肌，起于股骨伸远端的外侧，止于大跖骨近端及第 3 跗骨等。有屈跗关节的作用。

腓骨长肌（*M. peroneus longus*）位于小腿部外侧面，位于趾长伸肌与趾外侧伸肌之间。起于胫骨外侧上髁，沿趾外侧伸肌前缘下行至小腿中部变为细长腱，在跗关节背外侧斜向外后方，止于大跖骨近端及第 1 跗骨。主要作用是屈跗关节，亦有旋内后脚的作用。

4. 趾关节肌肉 包括趾长伸肌、趾内侧伸肌、趾外侧伸肌、趾浅屈肌和趾深屈肌。

趾长伸肌（*M. extensor digitalis longus*）起于股骨伸肌窝，沿趾内侧伸肌与第 3 腓骨肌之间下行，腱在跗关节背侧面被近侧和远侧环状韧带固定，在跖骨远端分为两支，分别止于第 3 和第 4 趾蹄骨伸肌突。有伸趾关节及屈跗关节的作用。

趾内侧伸肌（*M. extensor digitalis medialis*）位于趾长伸肌内侧，起于股骨伸肌窝，止于第 3 趾的冠骨。可伸和外展内侧趾。

趾外侧伸肌（*M. extensor digitalis lateralis*）位于小腿部的外侧面、腓骨长肌后部，起于胫骨外踝，在跖部沿趾长伸肌腱的外缘下行，止于第 4 趾的冠骨。

趾浅屈肌（*M. flexor digitalis superficialis*）起于股骨远端的髁上窝，沿腓肠肌

内、外侧两头之间下行至小腿下 1/3 处形成圆腱，在跟结节处变宽扁，固着于跟结节近端两侧，于跗关节下方腱分为两部分，但不分开，共同下行止于冠骨。趾浅屈肌与腓骨第 3 肌等合成一机械装置，固定膝关节及跗关节。

趾深屈肌（*M. flexor digitalis profundus*）很发达，紧贴于胫骨后面，由拇长屈肌、胫骨后肌、趾长屈肌 3 个头构成。拇长屈肌位于趾外侧伸肌后部，起于胫骨近端外侧面和后面，在跖部远端分为两支，止于第 3、第 5 趾的屈腱面。胫骨后肌起于胫骨的外踝，在胫骨远端与拇长屈肌腱相融合，通过跗管向下。趾长屈肌起于胫骨外髁，沿跗关节的跖内侧缘下行，在跖骨后面上 1/4 处与拇长屈肌腱相融合。

跟腱（*Tendo calcaneus*）为一圆柱形强腱，是附着于跟结节诸肌腱的总称，由腓肠肌、趾浅屈肌腱和臀股二头肌、半腱肌及半膜肌的腱膜共同组成（图 4-11）。

第五章
消 化 系 统

麋鹿出生后要不断地从外界摄取食物，对食物进行物理、化学及微生物的硝化作用，吸收营养物质，最后将残渣排出体外，保证正常的新陈代谢。消化系统的基本功能是摄取食物、消化食物、吸收养分、排出粪便，这些生理的完成有利于胃肠道协调的生理活动。食物中的营养成分包括蛋白质、脂肪、糖类、水、无机盐和微量元素，后三者可被消化吸收，但前三者结构复杂，分子大，不能被直接吸收，必须在消化管内逐步分解成氨基酸、脂肪酸和单糖等结构简单、可被吸收的小分子营养物质，此过程称为消化。这些小分子营养物质通过消化管壁进入血液和淋巴的过程称为吸收。

消化系统（*Digestive system*）由消化管和消化腺两大部分组成。消化管包括口腔、咽、食管、胃（瘤胃、网胃、瓣胃和皱胃）、肠和肛门。消化腺包括壁内腺和壁外腺。壁内腺存在于消化管壁中，如食管腺、胃腺、肠腺等。壁外腺有唾液腺（腮腺、颌下腺和舌下腺等）、肝和胰等。

第一节　口　　腔

口腔（*Cavum oris*）是消化管的起始部，前壁由上、下唇组成，侧壁由颊组成，前端经口裂与外界相通。口腔被齿弓分成两部分，前部及外侧部称为口腔前庭（*Vestibulum oris*），是位于齿弓和唇、颊之间的狭窄腔隙；后内侧部称为固有口腔（*Cavum oris proprium*）。固有口腔的前界及外侧界为齿弓，向后与咽交通。口腔顶壁为硬腭，底壁为封闭口腔壁的肌肉、下颌骨和舌。口腔内面衬有黏膜，呈粉红色，常有色素沉积，黏膜在唇处与皮肤相连。黏膜下组织有丰富的毛细血管、神经和腺体。

一、唇

麋鹿的唇运动灵活，口裂大，是采食的主要器官（图 5-1）。唇（*Labia oris*）由上、下唇组成，其游离缘共同围成口裂，是口腔的入口。上、下唇在口裂两边相互连结形成口角（*Angulus oris*），口角约与第 1 臼齿相对。在口角附近的黏膜上，有许多尖端向后的角质锥状乳头，唇部皮肤除有被毛外，还有长的触毛，下唇触毛非常丰富。麋鹿唇周围的触毛非常发达，可能是为了适应水中采食。

图 5-1 麋鹿的唇

二、颊

颊（*Bucca*）是构成麋鹿口腔的侧壁，主要由颊肌构成，内面衬以口腔黏膜，外面被皮肤。颊黏膜呈粉红色，并有色素沉积，具有许多较大、尖端向后的角质锥状乳头。在第 4、第 5 臼齿相对处，有腮腺管的开口。颊黏膜的深侧有许多小的颊腺，开口于颊黏膜上，为唾液腺的一部分。

三、硬腭

硬腭（*Palatum durum*）构成麋鹿固有口腔的顶壁，向后延续为软腭

（图 5-2）。硬腭以上颌骨腭突和腭骨水平板为基础，表面覆以黏膜。硬腭黏膜厚而结实，上皮高度角质化，有色素沉积。

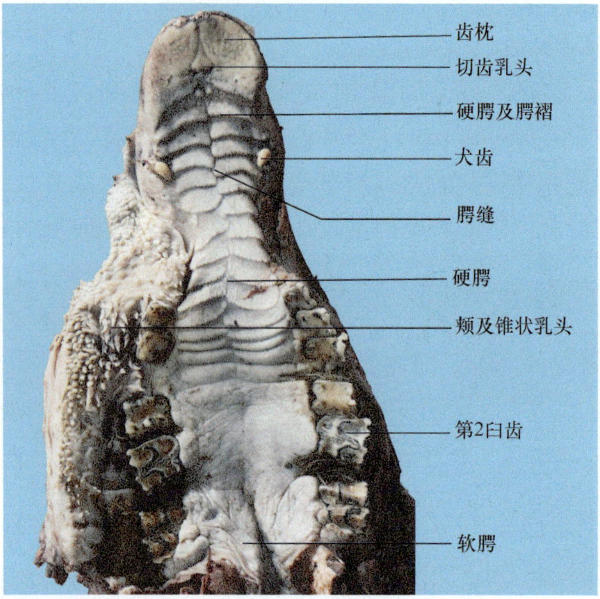

图 5-2　麋鹿的硬腭（固定标本）

麋鹿硬腭黏膜上有 16 对隆起的横嵴（其中有 11 对完整）称为腭褶（*Rugae palatinae*），腭褶略呈凹缘向后的扁 V 字形（图 5-2）。在相邻两条腭褶之间有一排排角质小乳头。硬腭正中有一条纵行黏膜嵴称为腭缝（*Raphe palatinae*）。腭缝前端有一乳头称为切齿乳头（*Papilla incisiva*）（图 5-2），在乳头基部两侧，有狭窄缝隙是鼻腭管的开口，该口向上与鼻腔的犁鼻器相通。在黏膜下结缔组织中有丰富的静脉丛。

四、舌

舌（*Lingua*）位于口腔底，主要由肌肉构成，表面覆黏膜（图 5-3）。舌运动十分灵活，具有协助咀嚼、吞咽食物、感受味觉的功能。麋鹿的舌呈长条状，具有明显的舌圆枕，从舌尖到舌根长 27 ～ 29.5cm。舌体宽 4.2 ～ 6.5cm。舌的背腹面及口腔底壁均覆以黏膜。在舌的底面正中有一条纵向黏膜皱襞，至口腔底壁前部，为舌系带（*Frenulum linguae*）。舌根部的黏膜比较光滑，在舌根与舌体交界处的两侧，在黏膜下有较小的舌扁桃体。在舌黏膜表面有 4 种乳头：丝状乳头遍布于舌尖至舌圆枕前部的舌表面，顶端向后；锥状乳头位于舌圆枕中部表面；菌状乳头位于舌体和舌尖，散于丝状乳头中，含有味蕾；轮廓乳头比菌状乳头稍大，大小不一，在舌圆枕两侧缘，纵行为一行，含有味蕾（图 5-3，图 5-4）。

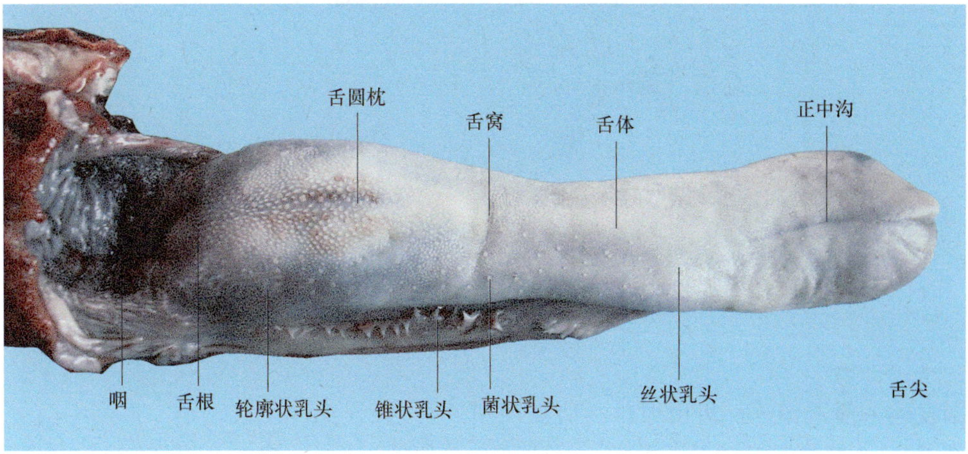

图 5-3 麋鹿的舌

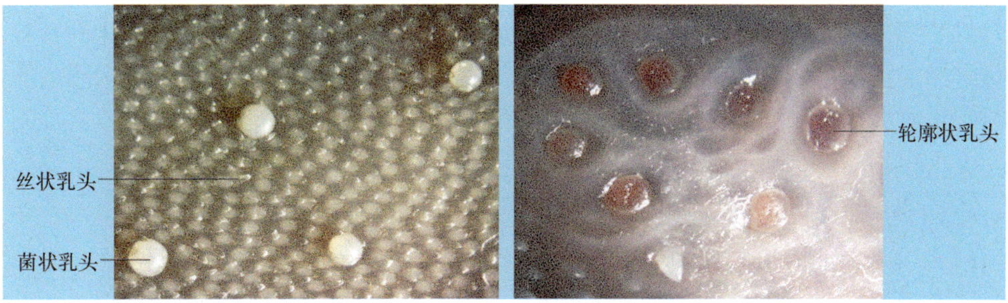

图 5-4 麋鹿的舌乳头

从舌的断面上可见舌内肌和舌外肌两组肌束，在舌内呈不同方向分布，互相交错，可使舌运动灵活。

五、齿

齿（*Dentes*）是体内最坚硬的器官，排成上颌和下颌两列齿弓。下颌齿弓较上颌齿弓窄。依据齿的形态和机能，可分为切齿（*Dentes incisivi*）、犬齿（*Dentes canini*）、前臼齿（*Dentes premolares*）和臼齿（*Dentes molares*）（图 5-5）。

上颌没有门齿，为切齿板。下颌每侧各有 3 个切齿，位于中间的两门齿特

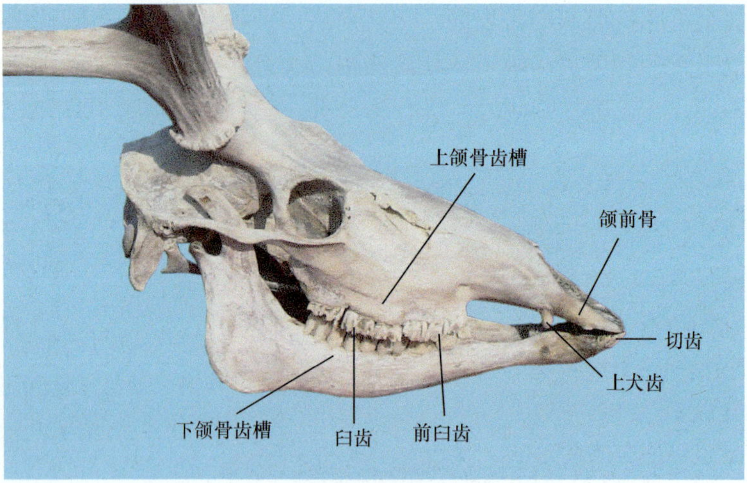

图 5-5　麋鹿的齿

别发达，齿冠宽大，齿根很长，切缘锐利。而第 2、第 3 切齿较小，不及中门齿的 1/3。中门齿如此特化，曹克清认为中门齿特殊、强大，这与古籍中所记载“掘食草根”的功能是完全一致的。

上颌有 1 对犬齿，位于上颌齿槽间隙的前部，犬齿退化，一般小于 1cm，雄鹿较明显，雌鹿仅露出牙尖，或者不萌出。成年麋鹿比其他鹿多 1 对上犬齿。下颌有 1 对犬齿，较长，呈门齿状，位于第三门齿的旁边与切齿成排，一般将此对犬齿当作切齿。

臼齿分为前臼齿、后臼齿，上颌、下颌每侧各有 6 个，前臼齿的齿冠比下颌稍大。麋鹿的臼齿与鹿科中其他种类相似，亦为新月形齿。前臼齿有 2 个新月形的珐琅质的齿突，臼齿则有 4 个齿突。齿嵴不太发达，珐琅质较少，咀嚼面相对较小，其形态和南方水鹿的牙齿很相似，适于吃草本植物。而典型的食木本植物的驼鹿，珐琅质增厚，齿嵴发达，咀嚼面宽大。

成年麋鹿的恒齿有 32 ～ 34 颗牙，恒齿齿式为：

$$i\frac{0}{3}\,c\frac{0-1}{1}\,p\frac{3}{3}\,m\frac{3}{3}$$

麋鹿的乳齿有 20 颗牙，乳齿齿式为：

$$di\frac{0}{3}\,dc\frac{0}{1}\,dp\frac{3}{3}$$

式中，i 代表恒切齿，c 代表犬齿，p 代表恒前臼齿，m 代表恒臼齿，di 代表乳切齿，dc 代表乳犬齿和 dp 代表乳前臼齿。

第二节 咽

咽（*Pharynx*）是一个漏斗形肌性管道，上宽下窄，背腹扁平。后端在环状软骨后缘，相当于第 3 ～ 4 颈椎间，变小向后下移为食管。咽的两侧有颈部大血管和神经（颈总动脉、颈内动脉、颈外动脉、颈内静脉、迷走交感干等）。从鼻腔吸入的空气，经鼻后孔、咽通入喉，食物入口腔，经过咽峡、咽到食管，因此，咽是呼吸系统与消化道的交叉路口。

咽腔向腹前方的通路可分为前、中、后三部分。前部称为鼻部或鼻咽部，中部称为口部或口咽部，后部称为喉部或喉咽部。鼻咽部（*Pars pharyngonasale*）最大，为纯呼吸部。口咽部（*Pars pharyngoorale*）位于咽峡之后、软腭与喉口之间的狭窄区。喉咽部（*Pars pharyngolaryngeus*）位于喉口及环状软骨背方，呈漏斗状，在环状软骨后缘延续为食管。

硬腭向后延接软腭（*Palatum molle*），麋鹿软腭很发达。软腭后部向下倾斜形成腭帆（*Velum palatinum*）。麋鹿的腭帆后缘游离，具有凹陷，成为腭弓（*Arcus palatinus*）。麋鹿的腭扁桃体（*Tonsilla palatina*）位于软腭口腔面两侧的黏膜下，呈长条状。软腭黏膜是硬腭黏膜的延续。黏膜下层有大量腭腺（*Glandulae palatinae*）。软腭黏膜下组织中有大量血管和神经，可见红色血管网。

第三节 食 管

食管（*Esophagus*）是连于咽和胃之间的管道，略扁。全长为 480 ～ 520mm，外径 29 ～ 36mm，壁厚 2 ～ 3.5mm。根据其所在部位，可分为颈段、胸段和腹段食管三部分。颈段食管位于气管背侧和颈长肌之间，到颈中部逐渐偏至气管左侧，直到胸腔前口。外侧邻颈总动脉、迷走交感干及喉返神经。胸段食管位于纵隔内，又转至气管背侧向后延伸，到气管分叉处以后，穿行在两肺之间，通过膈的食管裂孔进入腹腔。腹段食管很短，是三段食管中最短的一段，与瘤胃的贲门接连。

食管壁由黏膜、黏膜下组织、肌层和外膜构成。食管黏膜面平滑，平时黏膜拢成若干纵褶，几乎将管腔闭塞，当食物通过时，管腔扩大，纵褶展平，其上皮为复层扁平上皮。黏膜下层组织发达，在食管起始端黏膜下层内含有食管腺（*Gl. esophageae*）。肌层为横纹肌，形成螺旋形互相交错，向后逐渐移行至胃端则变成外纵和内环的两层。

第四节 胃

麋鹿的胃为多室胃。根据形态和构造不同，分为瘤胃（*Rumen*）、网胃（*Reticulum*）、瓣胃（*Omasum*）和皱胃（*Abomasum*）（图 5-6）。前三个胃合称为前胃（*Proventriculus*），黏膜无腺体，相当于其他单室胃动物胃的无腺部。瘤胃以贲门与食管相接，皱胃以幽门连于十二指肠。瘤胃和网胃肌层的外层由外斜纤维和内环纤维构成，内层由内斜纤维构成。瓣胃和皱胃的肌层由外纵层和内环层构成。皱胃又称真胃，黏膜具有腺体。

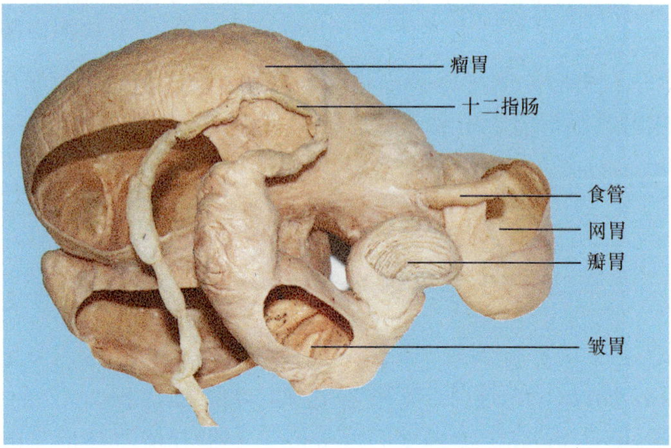

图 5-6 麋鹿的胃（塑化标本）

一、瘤胃

成年麋鹿的瘤胃最大，占总容积的 80% 左右，呈前后略长、左右稍窄的扁椭圆形大囊，几乎充满整个腹腔左侧，其后腹侧部越过正中平面而突入腹腔右侧。瘤胃前端至膈，后端至盆腔前口。左侧面为壁面，与腹壁、膈及脾相接触；右侧面为脏面，与瓣胃、皱胃、肠、肝及胰腺相接触。背侧借腹膜和结缔组织附着于膈脚和腰肌的腹侧；腹侧隔着大网膜与腹腔底壁相贴。前端偏腹侧有较深的左右延伸的前沟（*Sulci cranialis*），后端中部也有左右延伸的后沟（*Sulci caudalis*）。瘤胃前、后端较深的前、后沟和左、右侧面上较浅的左、右纵沟（*Sulci longitudinales sinister et dexter*）将瘤胃分为背囊（*Saccus dorsalis*）和腹囊（*Saccus ventralis*）。背囊比腹囊长。瘤胃后部的背侧冠状沟（*Saccus coronarius dorsalis*）和腹侧冠状沟（*Saccus coronarius ventralis*）将背囊、腹囊分为后背盲囊（*Saccus cecuscaudo dorsalis*）和后腹盲囊（*Saccus cecuscaudo ventralis*）（图 5-7）。瘤胃与网胃之间有较大的瘤网胃口（*Ostium ruminoreticulare*）。口的背侧形成一个穹隆，为瘤胃前庭（*Atrium ventriculi*），此处与食管相连处为贲门。

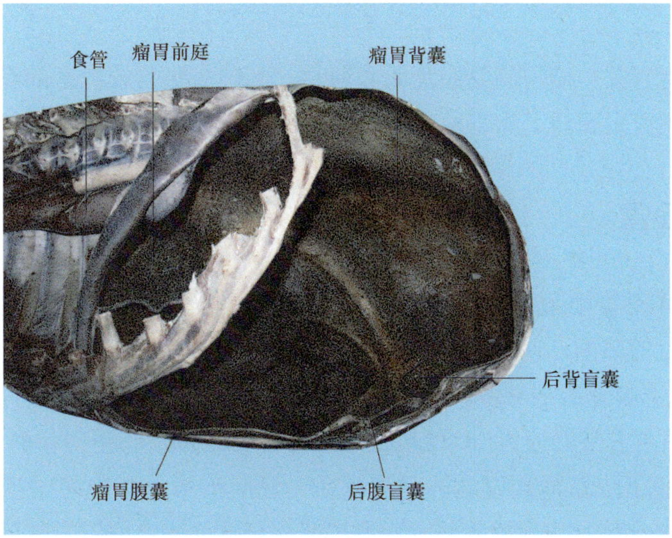

图 5-7 麋鹿的瘤胃囊室（固定标本）

瘤胃壁由黏膜、黏膜下组织、肌层和浆膜构成。瘤胃内面与前沟、后沟、左右纵沟及冠状沟相对处有肉柱（*Pilae ruminis*），前、后肉柱（*Pilae cranialis et caudalis*）最为发达。成年麋鹿除肉柱的颜色较淡外，其余均被饲草中的染料和鞣酸染成深褐色。黏膜表面形成无数圆锥状或叶状的瘤胃乳头（*Papillae ruminis*），使之表面粗糙异常（图 5-8）。腹囊、盲囊和瘤胃房的乳头最发达，向肉柱方向逐渐变小，肉柱上及背囊顶部的表面被覆有极小乳头或者无乳头，色白。乳头与瘤

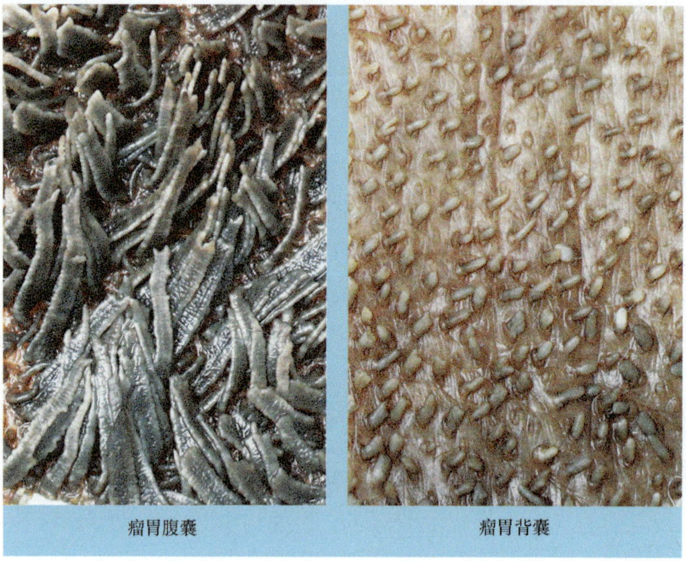

图 5-8 麋鹿的瘤胃黏膜

胃的吸收功能有关。瘤胃的黏膜无黏膜肌层，其固有膜与较致密的黏膜下组织直接相连。黏膜内无腺体。瘤胃肌层很发达，由外纵层和内环层构成。

二、网胃

网胃在 4 个胃中最小。网胃的外形略呈椭圆形，前后稍扁，位于季肋部正中矢面。网胃的膈面凸与膈、肝相接，脏面平，与瘤胃房相邻。网胃底（*Fundus reticuli*）则置于胸骨后端和剑状软骨上。网胃上端的瘤网胃口与瘤胃背囊相通，在瘤网胃口右下方有网瓣胃口（*Ostium reticulo-omasicum*）与瓣胃相通。

网胃黏膜上皮角质层发达，呈深褐色。黏膜形成一些隆起皱褶，称为网胃嵴（*Cristae reticuli*），内含肌组织，由黏膜肌层延伸而来。网胃嵴常形成蜂房状，称为网胃房（*Cellulae reticuli*）。小室内的底还有许多次级嵴（图 5-9）。在网胃嵴和网胃房底部密布角质乳头，靠近瘤网胃褶的边缘，网胃房逐渐变小以至消失。网胃的肌层发达。最外层为浆膜。网胃壁上的网胃沟（*Sulcus reticuli*），又称食管沟（*Sulcus esophagus*），起于瘤胃贲门，沿瘤胃前庭及网胃右后侧壁向下延伸至网瓣胃口（图 5-10）。沟两侧隆起的黏膜褶皱成为食管沟唇，食管沟微呈螺旋状扭转。幼年麋鹿的食管沟唇很发达，可以合并成管，乳汁由瘤胃贲门经食管沟直接进入瓣胃后直达皱胃（图 5-11）。

图 5-9 麋鹿的网胃黏膜（固定标本）

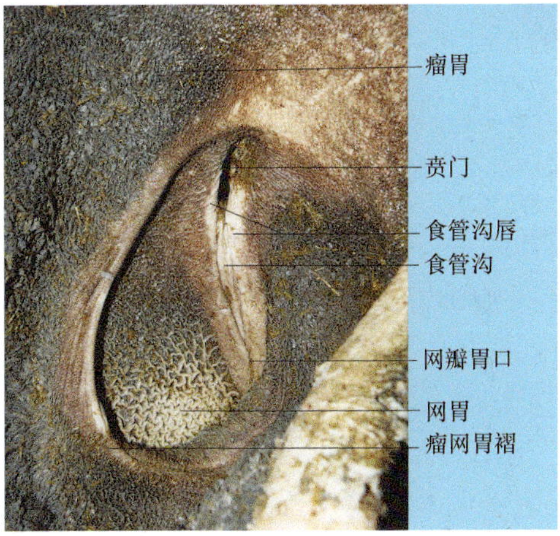

图 5-10 成年麋鹿食管沟（固定标本）

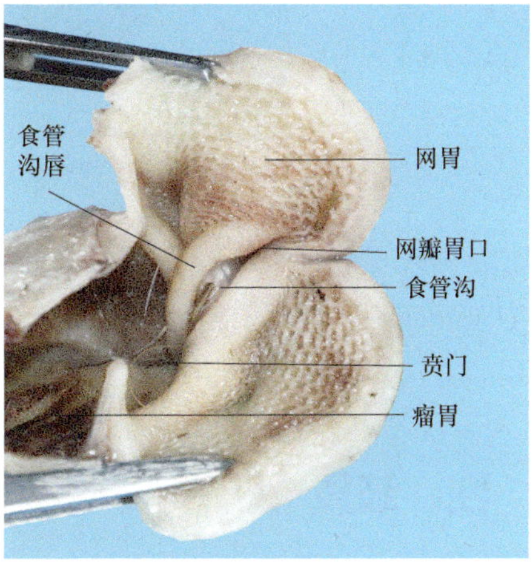

图 5-11 初生麋鹿食管沟（固定标本）

三、瓣胃

麋鹿的瓣胃呈两侧稍扁的球形，位于右季肋部，前面与网胃相邻，壁面（右面）与肝接触，脏面（左面）与瘤胃、网胃相贴。后下方经瓣皱胃口（*Ostium omasoabomasicum*）与皱胃相连。

瓣胃壁的构造与瘤胃、网胃相似。黏膜形成百余片互相平行的皱褶，称为瓣胃叶（*Laminae omasi*），从横切面上看，很像一叠"百叶"，故瓣胃又称百叶胃（图 5-12）。瓣胃叶呈新月形。胃叶间形成叶间隐窝（*Recessus interlaminares*），

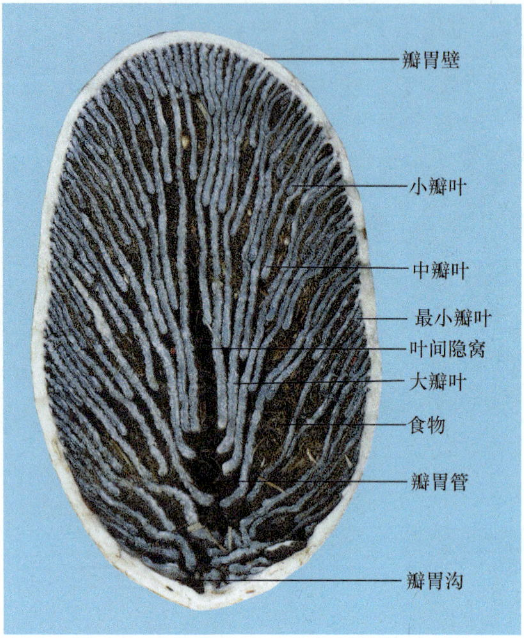

图 5-12　麋鹿的瓣胃横切面（固定标本）

平时充满较干的饲料细粒。瓣胃底处无瓣胃叶，仅有些小的皱褶和乳头，称为瓣胃沟（*Sulcus omasi*），它起于网瓣胃口，止于瓣皱胃口。液体和细粒饲料可由网胃经瓣胃沟直接进入皱胃。

四、皱胃

麋鹿的皱胃呈前端粗、后端细的弯曲长囊，前端以瓣皱胃口与瓣胃相连，后端以幽门与十二指肠相连。位于右季肋部，在网胃和瘤胃腹囊的右侧，其腹侧紧贴剑状软骨与腹腔底壁紧贴。皱胃前端粗大称为胃底（*Fundus abomasi*），与瓣胃相连；后端狭窄，称为幽门部。幽门部则在瓣胃后方沿右肋弓转向后上方，在肝的脏面与十二指肠相接。皱胃大弯凸向下，与腹腔底壁接触；小弯凹向上，与瓣胃接触。

皱胃壁由黏膜、黏膜下组织、肌层和浆膜构成。皱胃黏膜较平滑、柔软，含有胃腺。胃体的黏膜形成前后纵走、斜行的大皱褶，称为皱胃旋褶（*Plicae spirales abomasi*），向后逐渐变低（图 5-13）。依据固有膜内的腺体不同，皱胃黏膜分为胃底腺区、贲门腺区和幽门腺区：环绕瓣皱胃口的峡带为贲门腺区，色淡，

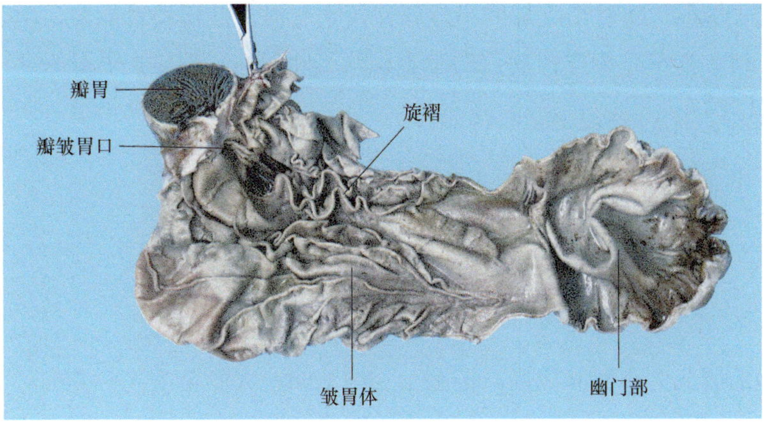

图 5-13 麋鹿的皱胃黏膜（固定标本）

内有贲门腺；胃底和大部分胃体为胃底腺区，呈灰红色，内有胃底腺；幽门部和一部分胃体为幽门腺区，淡而稍黄，常形成一些暂时性的皱褶，内有幽门腺。

五、麋鹿胃发育特点

麋鹿胃各室的容积和形态随着年龄而变化。初生麋鹿吃奶，因此皱胃特别发达，几乎与瘤胃等大（图 5-14）。瘤胃较小，局限于腹腔左侧的前上部。网胃

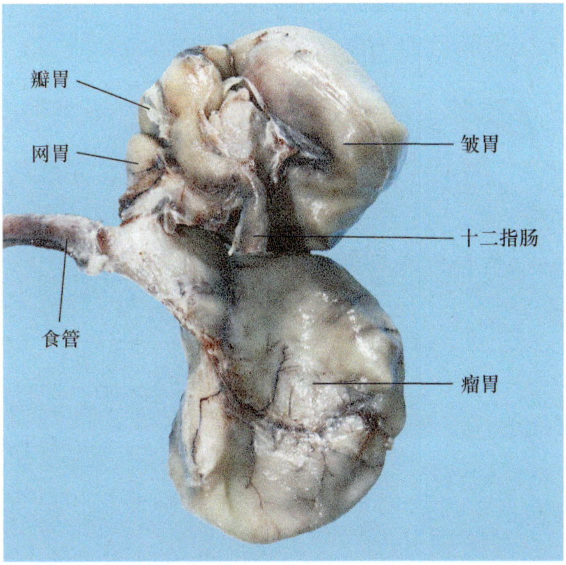

图 5-14 幼年麋鹿的胃（固定标本）

和瓣胃则非常小。随着出生后的小麋鹿开始吃草料，前胃发育加快，由于瘤胃发育特快，到 2 岁左右瓣胃和皱胃的总容积几乎相等。这时，4 个胃的容积基本达到成年胃比例。

第五节　肠

麋鹿的肠分为小肠和大肠。小肠全长约 12m，大肠全长 5 ~ 6m。

一、小肠

小肠是较细长的管道，前端起于皱胃的幽门，后端止于盲肠，可分为十二指肠、空肠和回肠 3 部分。

1. 十二指肠（*Intestinum duodenum*） 麋鹿的十二指肠长约 45cm，位于右季肋部和腰部，以短的系膜与其他器官相连，位置较固定（图 5-15）。其行程可分为三段：第一段为前部（*Pars cranialis*），起始于皱胃的幽门，沿肝的脏面向前上延伸，形成乙状曲（*Ansa sigmoidea*）；第二段为降部（*Pars descendens*），由乙状曲走向后上方，以十二指肠系膜附着于结肠袢的外侧，至髋结节附近，然后折转向左向前，形成十二指肠后曲（*Flexura duodeni caudalis*）；第三段为升部（*Pars

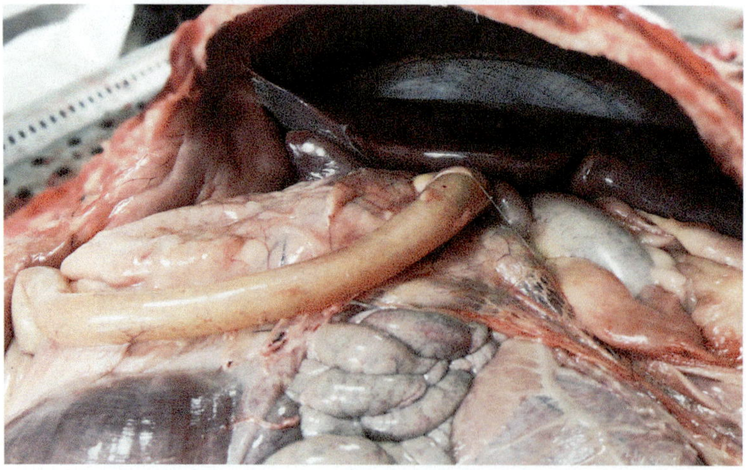

图 5-15　麋鹿的十二指肠

ascendens)，向后曲向前，与结肠末段平行，至胰腺腹侧面折转向下，移行为空肠。

2. 空肠（*Intestinum jejunum*） 麋鹿的空肠长约 11m，大部分位于右季肋部、右髂部和右腹股沟管部。肠管形成许多迂曲的肠袢，由短的空肠系膜连于结肠周围，形似花环状，位置相对较固定。

3. 回肠（*Intestinum ileum*） 回肠为小肠的末端，较短而直，管壁较厚。麋鹿的回肠约 50cm，沿盲肠的腹侧向前上方延伸，以回肠口（*Ostium ileale*）开口于盲结肠交界处腹内侧壁，开口处形成略隆起的回肠乳头（*Papilla ilealis*），突入盲肠腔（图 5-16）。回肠以回盲韧带与盲肠相连，常作为回肠与空肠的分界标志。

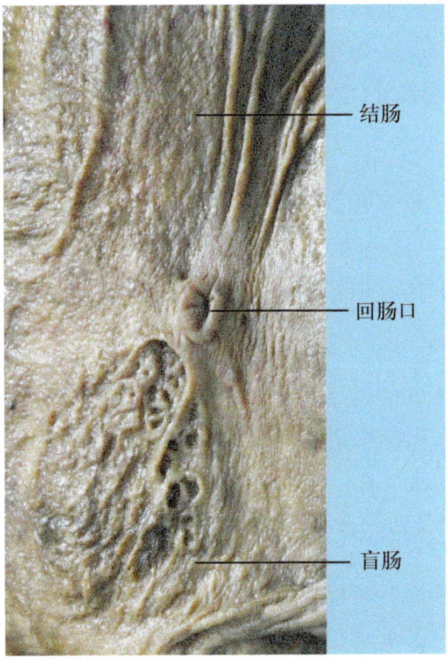

图 5-16 麋鹿的回肠口（固定标本）

4. 小肠壁的构造 小肠壁由黏膜、黏膜下组织、肌层和浆膜构成。黏膜形成环形褶（*Plicae circulares*）和肠绒毛（*Villi intestinalis*），以增加与食物接触的面积（图 5-17）。黏膜上皮为单层柱状上皮，在固有膜内分布有小肠腺（*Gl. intestinales*）。黏膜中的淋巴孤结较发达。在十二指肠黏膜下组织中有十二指肠腺（*Gl. duodenales*），分布于小肠前部。浆膜被覆于肠管表面，并延伸形成系膜等。

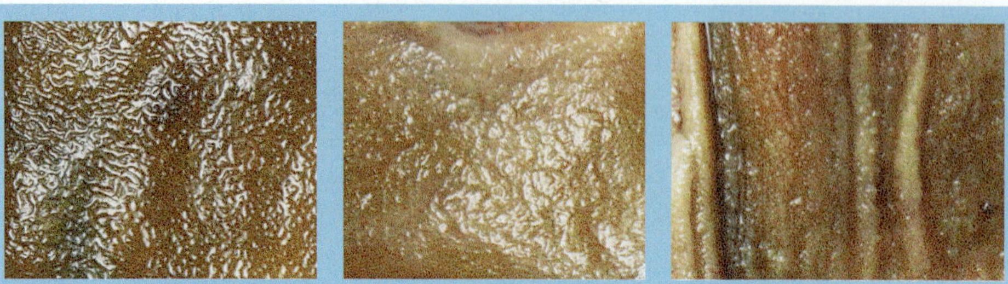

十二指肠　　空肠　　回肠

图 5-17　麋鹿的小肠黏膜（固定标本）

二、大肠

麋鹿的大肠管径大部分与小肠相似。位于腹腔背右侧、总肠系膜的两层浆膜间，外侧隔大网膜与腹腔右壁相邻，内侧主要接瘤胃。大肠可分为盲肠、结肠和直肠。

1. 盲肠（*Intestinum caecum*）　成年麋鹿的盲肠呈圆筒状，盲端向后，位于右髂部，长 45 ～ 60cm，管径较粗大，管径可达 10cm。盲肠从右侧最后肋骨下端稍后起于回肠口，盲肠钝圆而游离，充盈时可突入盆腔。盲肠前 2/3 内侧有肠系膜附着，而后 1/3 游离。

2. 结肠（*Intestinum colon*）　结肠是大肠最长的一段，长 4 ～ 5m，管径大小似小肠。麋鹿的结肠位于右季肋部和右髂部，盘曲成一椭圆形盘状，与牛羊的结肠盘相似。可分为初袢（*Ansa proximalis*）、旋袢（*Ansa spiralis*）和终袢（*Ansa distalis*）。麋鹿的旋袢、向心回、离心回各 4 ～ 5 圈（图 5-18）。

3. 直肠（*Intestinum rectum*）　直肠位于盆腔内，较短而直，长 40 ～ 45cm。前部由直肠系膜连于盆腔顶壁。其后部为腹膜外部，借疏松结缔组织和肌肉附着于盆腔周壁。当蓄积粪便时直肠后部能扩张变粗，形成不明显的直肠壶腹（*Ampulla recti*）。

4. 大肠壁的结构　大肠壁的构造与小肠壁基本相似，也由黏膜、黏膜下组织、肌层和外膜构成。黏膜表面光滑，无绒毛（图 5-19）。固有膜内有排列整齐的大肠腺。

5. 肛门（*Anus*）　肛门为肛管的后口，肛管（*Canalis analis*）是直肠壶腹后端变细所形成的管。麋鹿的肛管短而平滑。黏膜与皮肤互相移行的界线称为齿状线，线的前端为黏膜覆盖，后端为皮肤。齿状线附近的黏膜有毛和色素沉积。肛门是

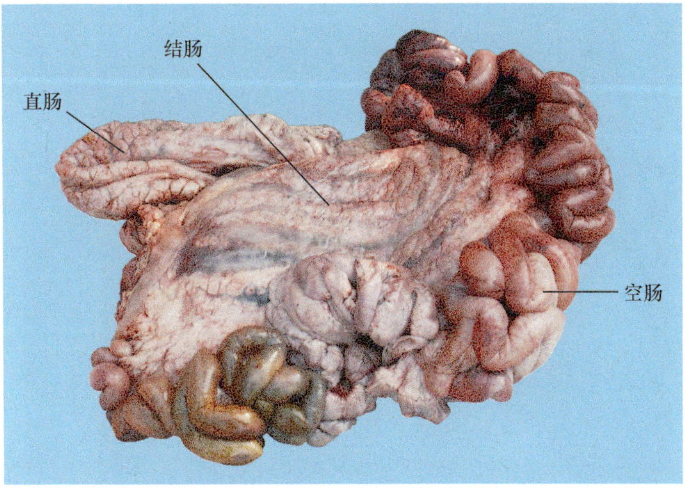

图 5-18　麋鹿的结肠和结肠袢

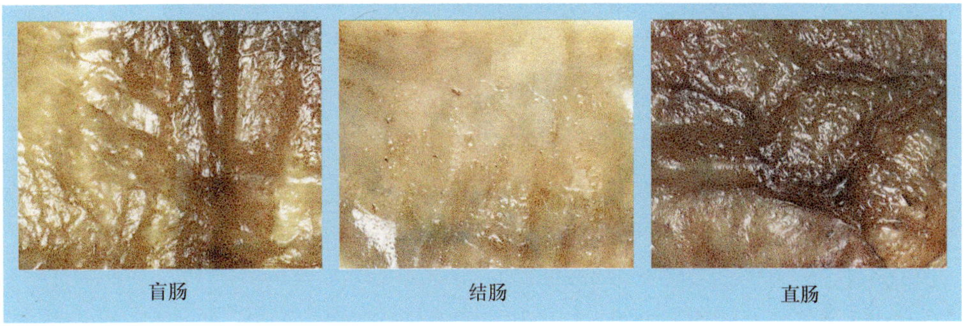

图 5-19　麋鹿的大肠黏膜（固定标本）

消化管末端的开口，位于尾根下方，平时不突出于体表。外面被覆的皮肤薄而无毛。肌肉由内向外分别为：肛门内括约肌（*M. sphincter ani internus*）、肛门外括约肌（*M. sphincter ani externus*）。

第六节　网　　膜

麋鹿的网膜同牛、羊，也分为大网膜和小网膜。

1. 大网膜　分为浅层和深层（图 5-20）。每层均由两层浆膜构成。浅层和深层大网膜分别起于瘤胃的左纵沟和右纵沟，经瘤胃向下转向右侧延伸。两层大网

图 5-20　麋鹿的大网膜

膜将瘤胃右侧的各肠管覆盖，向上主要止于十二指肠和皱胃大弯。

2. 小网膜　从瓣胃小弯、幽门部及十二指肠起始部走向肝的脏面及瓣胃表面。

第七节　肝

肝（*Hepar*）是麋鹿体内最大的腺体，具有分解、合成、贮存营养物质，以及解毒、分泌胆汁等作用。麋鹿肝无胆囊（*Vesica fellea*）(图 5-21)。成年麋鹿肝质量 2.3 ～ 2.6kg，长约 40cm，宽 21 ～ 25cm，厚度 5 ～ 8cm，在胎儿时期也是造血器官。

1. 形态　麋鹿的肝扁而厚，略呈长方形，质坚实而脆，略有弹性 (图 5-21)。幼龄和营养良好个体的肝呈淡褐色，老龄或消瘦个体的肝呈深红褐色。

(1) 肝的壁面和脏面　壁面（前面）隆凸，为膈面，紧贴膈。脏面（后面）略凹，与网胃、瓣胃、皱胃、右肾、十二指肠和胰腺接触，并形成相应器官的压迹。脏面中央有门静脉、肝动脉、神经、淋巴管和肝管出入肝，该处称为肝门。

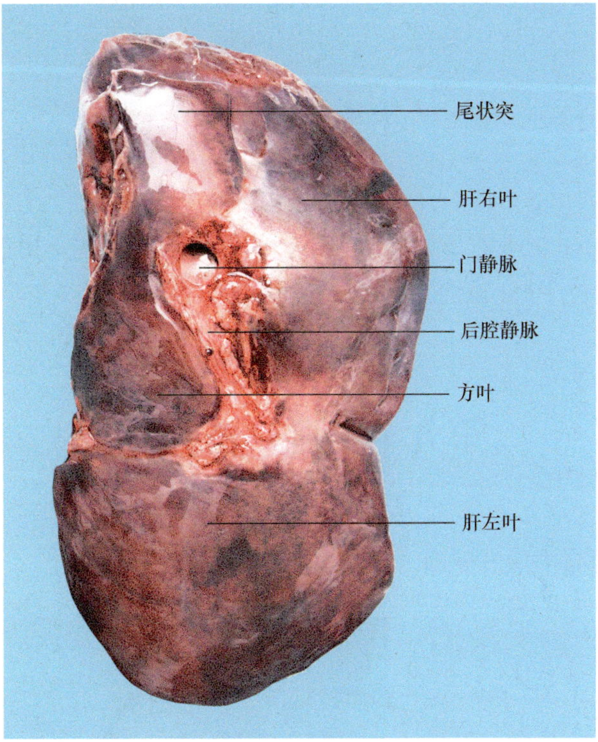

图 5-21 麋鹿的肝

(2) 肝的背缘和腹缘 肝的背缘厚，左侧有一肾压迹和后腔静脉通过，静脉壁与肝组织连在一起，多条大小不等的肝静脉支直接开口于后腔静脉。肝的腹缘较薄。

(3) 肝的分叶 麋鹿的肝因无叶间压迹 (*Incisurae interlobares*) 分叶不明显，与牛肝性状相似，但仍可由圆韧带切迹 (*Incisurae lig. teretis*) 将肝分为左、中、右三叶，其中的中叶被肝门分为尾叶和方叶。在圆韧带切迹和食管压迹 (*Impressio esophagea*) 之间连线的腹侧为左叶 (*Lobus hepatis sinister*)；背侧为右叶 (*Lobus hepatis dexter*)。两叶之间为中叶 (*Lobus centralis*)。中叶又以肝门 (*Porta hepatis*) 分为右侧的方叶 (*Lobus quadratus*) 和左侧的尾叶 (*Lobus caudatus*)。右叶的背侧缘右上部形成深的肾压迹 (*Impressio renalis*)，容纳右肾前端和肾上腺。

2. 位置 肝位于右季肋部，膈的后方。长轴斜向后上方，达最后肋间隙或肋骨的背侧端。肝的膈面背内侧部有三角形的裸区 (*Area nuda*)，以结缔组织直接与膈相邻。脏面与网胃、瓣胃、真胃、右肾、十二指肠及胰腺相邻。

第八节　胰

胰（*Pancreas*）位于右季肋部，为不正的四边形，呈浅黄褐色，柔软而具有小叶结构。前端位于肝门附近，与十二指肠相邻。

第九节　唾　液　腺

麋鹿的主要唾液腺有腮腺、颌下腺、舌下腺等（图 5-22）。

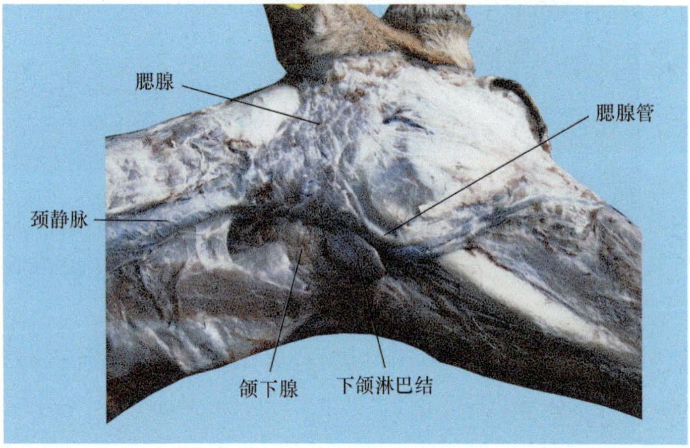

图 5-22　麋鹿的唾液腺（固定标本）

腮腺（*Gl. parotis*）很发达，位于寰椎翼与下颌支后缘之间。腺体主部略呈长方形。腮腺尾部内有腮腺管穿行。腮腺管（*Ductus parotideus*）自尾部末端穿出腺体后，绕过血管切迹向前方延伸至咬肌前缘处，弯向内侧，穿过颊肌，开口于颊黏膜的腮腺乳头上。

颌下腺（*Gl. mandibularis*）位于颈内侧三角的前端、下颌骨腹侧缘与胸乳突肌腹侧缘交界处的颈浅筋膜中（图 5-23）。前靠咬肌，腮腺深部。腺体分叶，表面光滑。颌下腺导管开口于舌下肉阜的顶端。

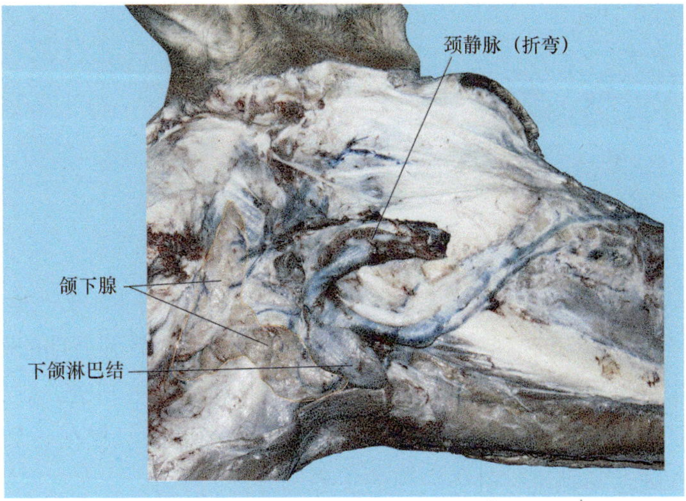

图 5-23 麋鹿颌下腺的位置（固定标本）

舌下腺（*Gl. sublingualis*）位于口腔底壁黏膜的深部，舌根两旁可分为大、小舌下腺。腺体呈细长椭圆形。

第六章
呼 吸 系 统

呼吸系统或称呼吸器官，由呼吸道和肺两大部分共同组成。鼻腔和鼻甲能使空气温暖和湿润，并能清除空气中的异物，使之净化，鼻腔后部的嗅区司嗅觉。咽为呼吸系统与消化系统两者的共同通道。喉位于气管的入口处，是空气的通道，也是动物的发音器官。气管是自喉至肺门间的管状通道。气管在心基部分为两条主支气管进入肺。肺是进行气体交换的主要部分。

第一节　鼻

鼻（*Nasus*）是呼吸系统的起始部，也是感受嗅觉的器官。鼻包括外鼻、鼻腔和鼻旁窦三大部分，是气体进出的通道，嗅区的嗅黏膜内含嗅觉感受器。

一、外鼻

外鼻（*Nasus externus*）位于头部的前端（图 6-1），上部略宽，与鼻骨相连。前端平突，与上唇愈合。鼻背后部以骨作为支架，比较坚硬而固定。鼻端部以软骨形成支架，比较软而具有弹性，可活动。外鼻前端部呈扁平形，一般为黑色，表面光滑有细沟，散布稀疏毛孔，有白色短粗毛，称为鼻镜（图 6-1）。鼻镜正中下部与上嘴唇中间凹陷呈沟，为“人中沟”，随着年龄的增加，人中沟变短直到仅见于上唇中间。鼻镜左右两侧为鼻孔。随着年龄的增加，鼻镜皮肤表面的细沟越来明显，称为鼻纹。皮肤下有鼻唇腺或鼻腺，分泌浆液，导管开口于皮肤表面，所以健康个体经常保持潮湿，而发热疾病个体常表现出干甚至皲裂。鼻镜侧缘分布有一簇簇较长的触毛。

鹿类动物的鼻镜有各自的特点，鼻镜的大小与物种生活区的气候条件有关，寒冷地区的鹿种无鼻镜或者鼻镜极小，温暖地区的鹿种鼻镜扩大。麋鹿生活在温

图 6-1 外鼻的形态

暖的平原湿地，其鼻镜比马鹿更大、更明显，生活在北极圈周围的驯鹿外鼻前端被毛而无典型鼻镜。

鼻孔（*Nares*）为通至鼻前庭的门户，呈裂缝状长孔。左右鼻孔外观呈倒“八”字。鼻孔主要由外侧翼和内侧翼围绕而成（图 6-1）。

二、鼻的支架

鼻的支架由骨和可活动的软骨组成，它们是决定外鼻形状的主要基础，可分为骨质部和软骨部。

1. 骨质部 背侧是鼻骨，外侧壁有颌前骨和上颌骨。

2. 鼻软骨 居于外鼻的前部，这些软骨包括鼻中隔软骨、鼻背外侧软骨和鼻外侧副软骨，均由透明软骨构成。鼻翼和软骨上分布有肌肉，但鼻孔扩张性不大。

三、鼻腔

鼻腔（*Cavum nasi*）是呼吸通道，前接鼻孔，后经鼻后孔通咽，由鼻中隔等分成左、右鼻腔，左、右鼻腔在后部彼此相通，形成总鼻道。麋鹿的鼻腔较长，约占头长的 2/3。鼻腔前部宽而后部狭，由鼻甲分成上、中、下三个鼻道和狭窄的总鼻道（图 6-2）。鼻甲骨附着于鼻腔侧壁和上壁，向鼻腔内突出，使鼻腔几乎充满鼻甲，从而限制空气的流量。

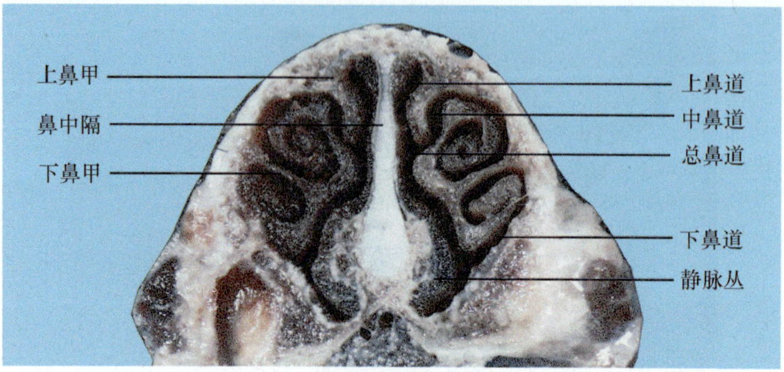

图 6-2　鼻腔横断面（固定标本）

1. 鼻腔前庭（*Vestibulum nasi*）　鼻腔前庭是鼻腔的起始部，紧接鼻孔，其表面光滑无毛。鼻前庭内侧壁为鼻中隔软骨的前下部，外侧壁为鼻翼，背侧壁为鼻背侧软骨前部，其腹侧壁为鼻腹侧软骨前部。

2. 鼻甲　为软骨性或半骨化的甲骨，表面覆盖着鼻黏膜，包括上鼻甲、下鼻甲和筛鼻甲（图 6-2）。

上鼻甲从鼻腔后壁上的筛板向前延伸到约第 1 颊齿处，中部宽而两端狭，后 2/3 形成螺旋板，卷曲向内、向下，再向外、向上，围成上鼻甲窦；前 1/3 则为较厚的狭板。黏膜从上鼻甲前端延伸到鼻前庭。

下鼻甲较短而宽，从相当于最后颊齿处延伸到鼻颌切迹，形成背、腹两个螺旋板，围成下鼻甲窦。黏膜从下鼻甲前端延伸到内侧鼻翼。

筛鼻甲占据鼻腔的后上部，其中较大的一个鼻甲背侧向前延伸，约达鼻泪裂前端。

3. 鼻中隔（*Septum nasi*）　鼻中隔主要由骨性鼻中隔、膜性鼻中隔和软骨性鼻中隔三部分组成（图 6-2）。骨性鼻中隔位于后部，内含筛骨的垂直板，其腹侧缘接犁骨。在筛骨垂直板上覆盖一层鼻黏膜，表面光滑。在骨性鼻中隔的前部为膜性鼻中隔，该膜系由两侧鼻腔的内侧壁黏膜合成。在膜性鼻中隔的黏膜下布满了丰富的血管丛和神经，在黏膜外观察，清晰可见。软骨性中隔内含鼻中隔软骨，软骨的背侧缘附着在鼻中嵴上。

四、鼻道

鼻道（*Meatus nasi*）是被鼻甲分隔而成的三对腔道，分别名为上鼻道、中鼻道和下鼻道，三鼻道后通总鼻道（图 6-2）。

1. 上鼻道（*Meatus nasi dorsalis*） 上鼻道是贯穿于鼻腔背部的一条狭窄通道，位于上鼻甲与鼻骨腹侧面之间，从上鼻道进入的气体直接传到筛鼻甲。

2. 中鼻道（*Meatus nasi medius*） 中鼻道居于上鼻甲与下鼻甲之间，中鼻道气体亦输送到筛鼻甲。

3. 下鼻道（*Meatus nasi ventralis*） 下鼻道处于下鼻甲和鼻腔腔底之间，比中鼻道小，为鼻孔和咽之间的直接通道。经上鼻道、中鼻道及下鼻道进入的空气都在总鼻道处汇聚。

4. 总鼻道（*Meatus nasi communis*） 总鼻道的前部与上、中、下鼻道相通，总鼻道前部较宽，后部稍窄。向后移行，通入咽的鼻咽部。

鼻后孔呈卵圆形，为鼻腔的后口，开口于咽的鼻咽部，两孔之间有犁骨相隔。

五、鼻旁窦

麋鹿鼻旁窦包括上颌窦、筛窦，但无额窦、蝶窦。窦腔的内壁衬有黏膜，经各窦口与鼻腔的黏膜相连。

上颌窦（*Sinus maxillaris*）周壁有上颌骨、泪骨和颧骨，而其内部分界为上颌骨、下鼻甲及筛骨侧壁。麋鹿上颌窦较为发达。

筛窦（*Sinus ethmoidalia*）是筛鼻甲内腔小室的总称。位于总鼻道口的前上部，其后方与额骨的眶部和内颅腔相邻。筛窦呈蜂窝状地排列在筛骨和筛鼻甲的两侧，但不十分规则。

六、鼻黏膜

鼻黏膜（*Membrana mucosa nasi*）是鼻腔的重要组成部分，主要分为呼吸区和嗅区黏膜两大部分。鼻黏膜的表面光滑而富有弹性，牢固地附着在骨膜和软骨膜上。鼻腔黏膜大部分呈粉红色。

七、血管和神经

鼻腔动脉有蝶腭动脉、筛动脉、腭大动脉和腭唇动脉，鼻腔静脉与同名动脉伴行。神经为嗅神经及三叉神经。

第二节 喉

喉（*Larynx*）是呼吸道的一部分，也是发音的器官。它位于下颌支之后、第1颈椎与第3颈椎之间的腹侧正中矢面上，向前借喉门通于咽腔的喉咽部，向后延接气管。其腹侧被皮肤、颈筋膜和舌骨下肌群所覆盖；背侧为食管起始部；两侧有颈部的血管和神经等重要结构。喉的形态构造与牛基本相似，但麋鹿的会厌软骨游离缘呈半圆形，整个喉呈长筒状（图 6-3）。

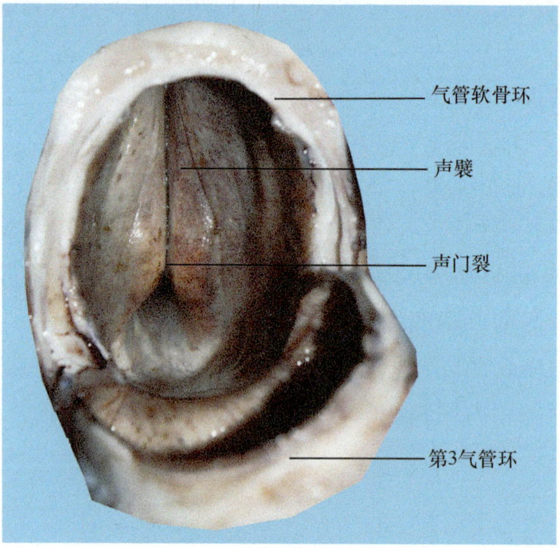

图 6-3 麋鹿喉（固定标本）

喉前方借韧带、结缔组织膜、小关节和肌肉与舌骨相连；后方借韧带和结缔组织膜与第1气管软骨环相连。除饮食时自动关闭外，喉门通常开张。

一、喉的软骨

麋鹿的喉软骨包括不成对的甲状软骨、环状软骨、会厌软骨和成对的勺状软骨（图 6-4）。

1. 甲状软骨（*Cartilago thyreoidea*） 是喉软骨中最大的一个，它由左右两个

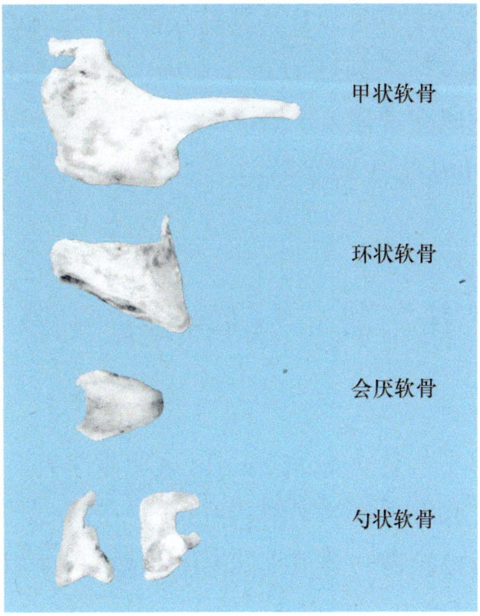

图 6-4 麋鹿的喉软骨

四边形软骨板构成，两软骨板的腹侧相互结合构成腹侧角。板的背侧缘游离且较平，并向前后各伸出一个突起。前方的突起为前角，呈三角形，短而粗，角的尖端腹外侧有一关节面与舌骨成关节。后方的突起为后角，稍长，后角的腹内侧亦有一关节面与环状软骨成关节。

2. 环状软骨（*Cartilago cricoidea*） 在甲状软骨的后方，形状似不完整的指环形。

3. 勺状软骨（*Cartilago arytaenoidea*） 是一对形状不太规则的三棱锥体状，位于环状软骨板的前缘，尖朝前，短而圆钝，基底部呈三角状，有 3 个突起；内侧突向内侧并细长，在板的前缘与对侧相连。外侧突稍粗大，朝向背外侧，有许多小的喉肌附着，故又称肌突。声带突短而钝，由腹侧伸向喉腔，有声韧带附着。

4. 会厌软骨（*Cartilago epiglottica*） 会厌软骨具有弹性和韧性，形似三角形，尖端游离，朝向前上方，其边缘薄并稍卷向舌面，构成喉门的腹侧部分。会厌软骨有前后两面，前面即舌面，被有黏膜，其下部正中有舌会厌褶，连于舌根与会厌之间；后面为喉面，为喉黏膜所覆盖。

二、喉腔

喉腔（*Cavum laryngis*）是由喉壁围成的管形腔，喉壁由喉软骨支架、喉肌、韧带、纤维膜及喉黏膜构成（图 6-3）。其前端借喉门与咽的喉咽部相通，后端延接气管。喉腔的侧壁各有一声韧带（*Lig. vocale*），连于勺状软骨声带突和甲状软骨之间，外被覆黏膜形成声带褶（声襞）（*Plica vocalis*），两声带褶之间形成的裂隙称为声门裂（*Rima glottidis*）（图 6-3）。

第三节　气管和支气管

气管（*Trachea*）和支气管（*Bronchus*）以透明软骨环作支架（图 6-5），内覆黏膜，外盖结缔组织，并有少量的平滑肌纤维。气管和支气管除具有空气通道的功能外，还有防御、消除异物、调节空气温度和湿度的作用。

图 6-5　气管和支气管（固定标本）

一、气管

气管由气管软骨、平滑肌纤维及结缔组织等构成。它起于喉的环状软骨，分颈、胸两段，颈段位于颈部腹侧正中线上；胸段经胸前口入胸腔，在纵隔内后行，在心基的后上方分为左、右主支气管，经左、右肺的肺门进入左、右肺。在分叉前，由气管右侧分出一支较大的前叶支气管，进入右肺的前叶（图 6-5）。

麋鹿的气管全长 45 ～ 48cm，环数变化较大，一般由 48 ～ 65 个软骨环串联而成。每一软骨环横径约 39mm，纵径为 31mm，左右方向略大于背腹方向，每一软骨环的宽度为 7.7 ～ 8.9mm。气管的营养来自颈总动脉的分支，而神经支配来自迷走神经及交感神经的分支。

二、支气管

在心脏底部，第 5 ～ 6 肋间处，气管分为左、右两支气管，分别进入两肺（图 6-5）。左、右支气管都非常短，尤其右支气管，几乎只能看到气管分叉处稍膨大即进入肺门。左支气管比较明显，长度约 25mm，右支气管长约 19mm。右支气管直径比左支气管粗，直径约 30mm，而左支气管约 20mm。

第四节　肺

肺（*Pulmones*）是呼吸器官中最重要的部分，位于胸腔内纵隔两侧，分为左肺和右肺，占据着胸腔的绝大部分。肺表面光滑，呈粉红色，用甲醛溶液浸置后为灰褐色。整个肺的表面均被覆胸膜，实质柔软，呈海绵状，富有弹性。

一、肺的形态和大小

麋鹿的肺以明显的叶间裂分为肺叶。左肺有两叶：前叶（尖叶）和后叶（膈叶）。右肺有前叶、中叶（心叶）、后叶和副叶，副叶附着于中叶和后叶。左、右两肺的形态基本相似，右肺比左肺大（图 6-6）。从肺表面观察，肺小叶的界限很清楚。

麋鹿肺的外形近似楔状。左肺前叶长为 150mm，左肺后叶长为 226mm。右肺由深达肺门的叶间裂（*Fissura interlobaris*）分为 4 叶（前叶、中叶、后叶和副叶），长度分别为 170mm、132mm、200mm 和 105mm（图 6-6）。

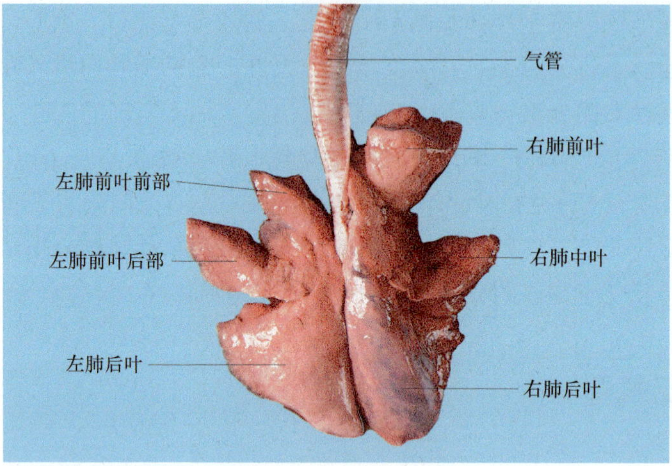

图 6-6　麋鹿气管和肺

二、肺内支气管的分支

支气管的分支与肺的分叶是相应的。

左、右支气管在肺门处首先按肺叶分为次级支气管。左肺有前叶支气管和后叶支气管。右肺有前、中、后叶支气管。副叶支气管由右后叶支气管分支发出小支。每一叶支气管在相应的肺叶内再分为次一级的支气管。各叶分支如下。

(1) 左前叶支气管——三大支。

(2) 左后叶支气管——三大支。

(3) 右前叶支气管——二大支。

(4) 右中叶支气管——一大支。

(5) 右后叶支气管——二大支。

另一分支为副叶支气管。

三、肺的血管

按照功能和来源，肺的血管可分为两个血管系统：一个是属于肺循环的肺动脉和肺静脉，即由右心室发出，在肺泡壁进行气体交换，再由肺静脉注入左心房，是肺的功能血管，具有完成气体交换的作用；另一个是属于体循环的支气管动脉和静脉，支气管动脉发自肋间动脉，经毛细血管网后汇集于肺静脉和支气管静脉，出肺门注入上腔静脉回右心房，是肺的营养血管。

四、肺的神经

肺神经经由肺前、后丛发出分支，伴随支气管进入肺组织，为迷走神经和交感神经的分支。

第五节 胸 膜

胸膜（*Pleura*）是被覆在肺、胸腔壁及纵隔内器官表面的浆膜。胸膜形成两个完整而密闭的腔即胸膜腔，左、右两侧的胸膜腔完全不通。

第七章
泌 尿 系 统

麋鹿泌尿系统包含的器官与一般哺乳类动物相同，分别是肾、输尿管、膀胱和尿道等（图 7-1）。然而各器官的解剖学特征却有其自身的特殊性。尽管大体结构类同于反刍动物，但在某些方面，它们之间的差异还是比较大的。

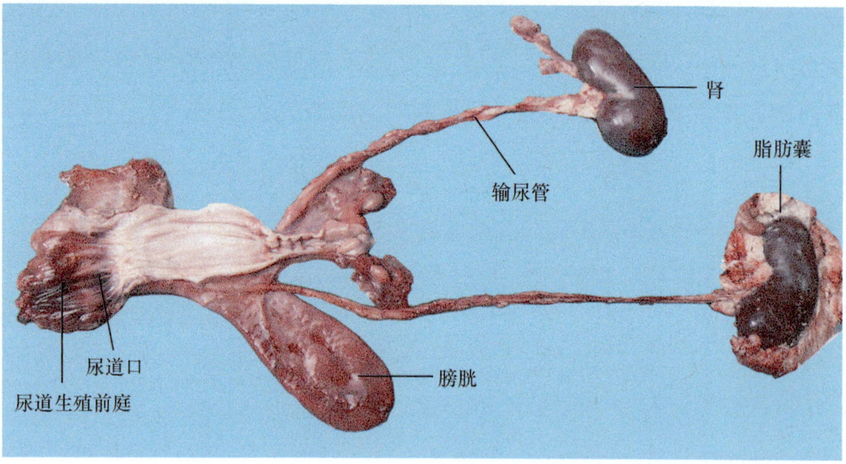

图 7-1　雌性泌尿系统

第一节　肾

麋鹿的肾 (*Ren*) 是成对的致密实质性器官，表面光滑，相似于羊的光滑单乳头肾，不同于牛的有沟多乳头肾。

一、位置、形态和大小

麋鹿的肾左、右各一，分别位于脊柱两侧、腰椎横突的下方。两肾与脊柱基本平行或两肾的前端略倾向脊柱。右肾类似蚕豆形，多位于右侧最后肋近端及第 1、第 2 腰椎横突的腹侧，外侧缘的前半部与肝右叶的肾压迹邻接。左肾呈椭圆形，后部稍宽，位于左侧第 2 ～ 4 腰椎横突的腹侧，瘤胃充满时可被推至正中平面右侧。一般成年麋鹿的右肾较左肾约靠前 5cm。

肾表面光滑，外侧缘呈扇弧形；内侧缘面内凹，中部为血管、输尿管和神经进出的肾门（*Hilus renalis*）（图 7-2）。肾门深入肾内形成肾窦（*Sinus renalis*），是由肾实质围成的腔隙，以容纳肾盏和肾盂等。

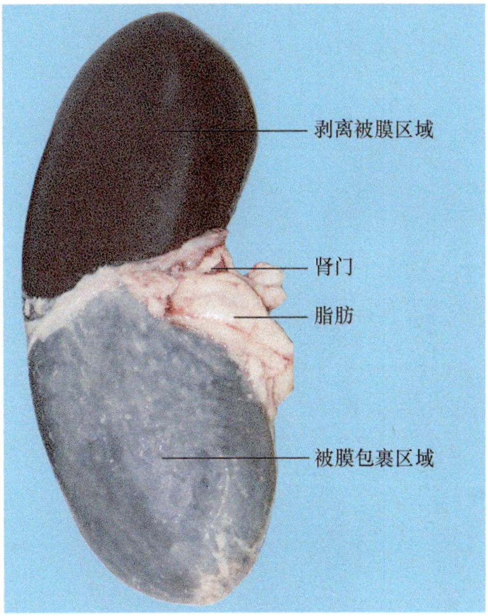

图 7-2 麋鹿的肾

成年麋鹿的肾一般长约 12.5cm，宽约 5.5cm，厚度约 3.5cm。一侧肾的质量为 160 ～ 220g，两个肾约占麋鹿体重的 0.24%。

二、结构

1. 被膜 麋鹿的肾外覆有一层非常致密、较易于剥离的纤维膜，称为纤维囊（*Capsula fibrosa*）。麋鹿肾的纤维膜坚韧，透明度小。

在纤维囊外面有肾脂肪囊（*Capsula adiposa*），它是由疏松结缔组织积聚一些脂肪所形成的。麋鹿的肾脂肪囊一般含有中等量或少量的脂肪组织，膘情好的麋鹿整个肾被厚厚的脂肪囊包裹。在肾门周围，脂肪组织较为丰富。

肾脂肪囊的腹侧面由腹腔浆膜覆盖，并将肾紧密地固定在腰椎腹侧。

2. 肾的结构 切面上可区分出浅部的皮质和深部的髓质（图 7-3）。肾皮质（*Substantia corticalis*）因富含血管而呈红褐色，可见许多放射状条纹，并分布有小点状的肾小体（*Corpuscula renis*）。肾髓质（*Substantia medullaris*）颜色较淡，切面可见许多放射状纹。从切面上看，在皮质和髓质间可见血管断面，血管间的肾髓质部分称为肾椎体（*Pyramides renales*）。肾皮质伸入肾椎体之间形成肾柱（*Columnae renales*）。肾椎体的顶（末端）形成肾乳头（*Papilla renales*）。麋鹿的肾皮质和肾髓质分别完全合并，肾乳头融合成一总乳头，称为肾嵴。肾嵴与肾盂相对，肾盂呈漏斗状，延接输尿管。

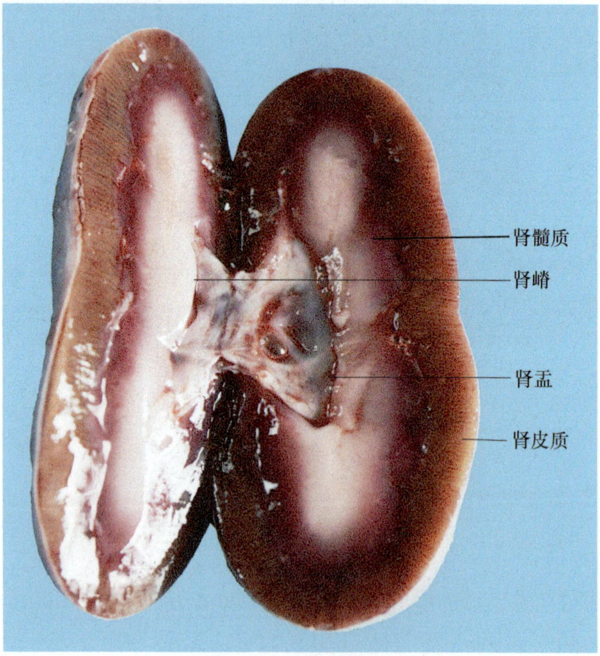

图 7-3 肾纵切面

三、肾的血管和神经分布

两条肾动脉在肠系膜前动脉起始处之后从腹主动脉发出，经肾门入肾。肾静脉管径大而壁薄，汇入后腔静脉。

分布到肾的神经分支来自肾神经丛。

第二节 输尿管、膀胱和尿道

一、输尿管

雄性麋鹿的输尿管长约 61.5cm。

麋鹿的输尿管（*Ureter*）起于肾盂，出肾门后，在腰腹侧浆膜褶内向后延伸，进入盆腔向后、向下达膀胱背侧，到膀胱背侧进入膀胱壁，开口于膀胱颈内壁。

二、膀胱

麋鹿的膀胱（*Vesica urinaria*）为肌层相当发达的肌性囊。麋鹿排空的膀胱呈上下压扁或梨状，位于盆腔底壁上，当充满尿液时大部分凸入腹腔。成年麋鹿膀胱充盈时体积达 600ml。雄性麋鹿的膀胱背侧与直肠、输精管末端等相接。雌性麋鹿的膀胱背侧接子宫和阴道。

膀胱的黏膜坚固平滑，在靠近膀胱颈处的背侧壁上有输尿管的开口。左、右输尿管口向后内侧延伸的黏膜褶，称为输尿管褶。膀胱两侧有膀胱侧韧带。

膀胱壁由黏膜、黏膜下组织、肌膜和浆膜构成，壁的厚度因充满程度而变化很大。

麋鹿的膀胱、尿生殖道及输尿管后段的动脉血液，是由髂内动脉和髂外动脉的分支供应的。而这些部位的静脉血，最后也分别归流于髂内静脉和髂外静脉。

分布到泌尿系统盆腔部分器官和组织的神经，主要来源于腹下神经、荐交感干及盆神经三个方面的神经分支。

三、尿道

雄性麋鹿的尿道很长，又称尿生殖道，从膀胱颈起沿盆腔底壁向后延伸，绕过坐骨弓后即行于阴茎的尿道沟中，因此可分为短的骨盆部和长的阴茎部，尿道外口开口于阴茎头的尿道突（图 7-4）。雌性麋鹿的尿道很短，起于膀胱颈，在阴道腹侧沿盆腔底壁向后延伸，以尿道外口开口于尿道生殖前庭。

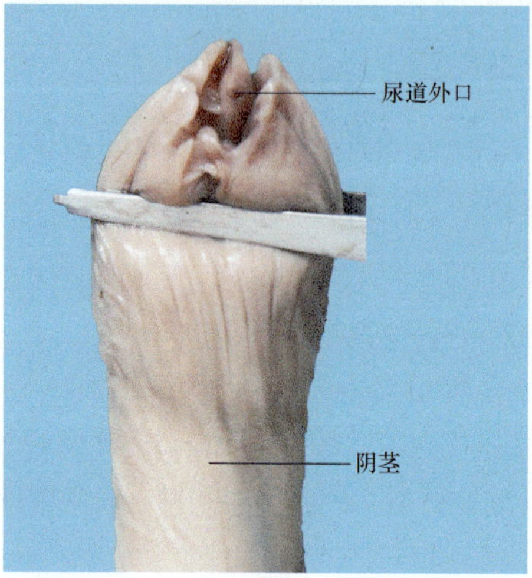

图 7-4 雄性麋鹿尿道外口（固定标本）

第八章
生殖系统

麋鹿的生殖系统包括雄性生殖器官和雌性生殖器官两部分。

第一节　雄性生殖器官

雄性生殖器官包括睾丸、附睾、输精管、尿生殖道、副性腺、阴囊、阴茎和包皮等部分。（图 8-1）。

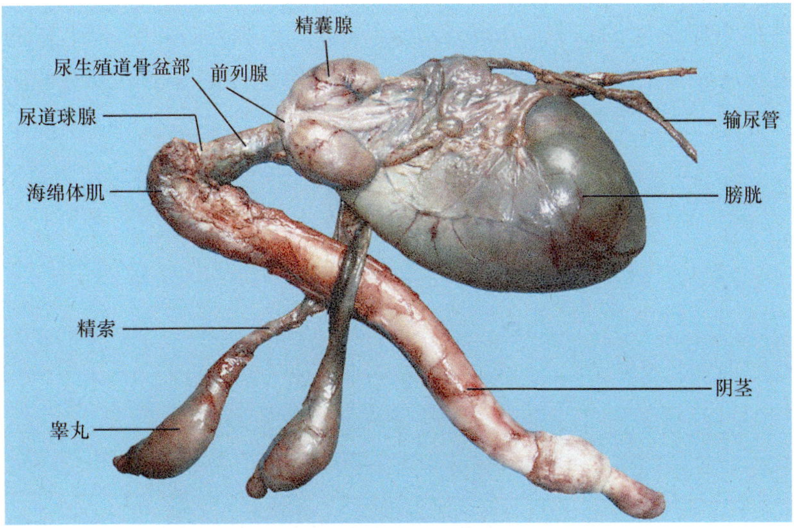

图 8-1　麋鹿的雄性生殖系统

一、睾丸

麋鹿的睾丸（*Testis*）位于两股间的阴囊内，左、右各一，中间由阴囊中隔隔开。睾丸呈长椭圆形，外侧面稍隆凸，内侧面平坦（图 8-2）。不同年龄不同个体的睾丸大小不一。

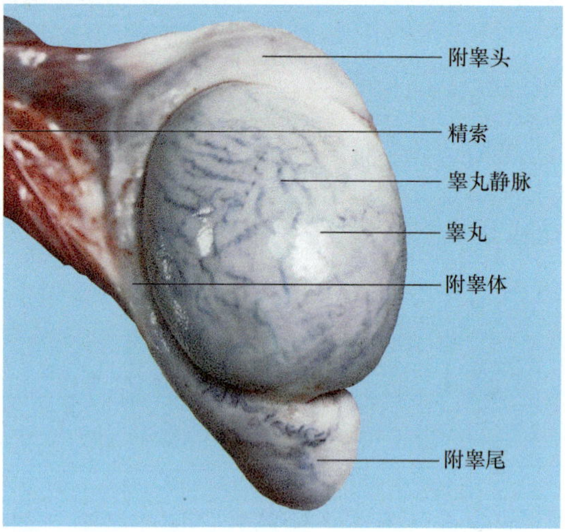

图 8-2 麋鹿的睾丸（固定标本）

睾丸的表面被覆有浆膜，称为固有鞘膜（*Tunica vaginalis propria*），其深层为致密结缔组织形成的白膜（*Tunica albuginea*）。白膜较厚，内有丰富的血管，其结缔组织从睾丸头深入睾丸实质内，形成睾丸纵隔（图 8-3）。睾丸纵隔分出许多呈放射状排列的睾丸小隔，睾丸小隔将睾丸实质分为许多锥形的睾丸小叶。

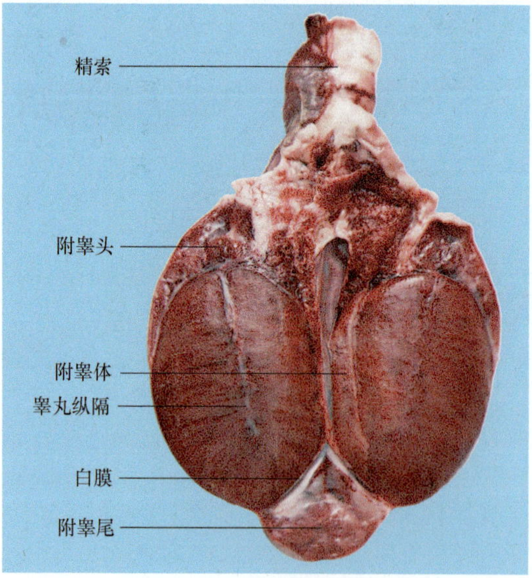

图 8-3 麋鹿睾丸纵切

二、附睾

附睾（*Epididymis*）是贮存精子并使之进一步成熟的地方。麋鹿的附睾位于睾丸的附睾缘，分为较明显的头、体、尾三部分，分别与睾丸的头、体、尾相对应（图 8-2）。附睾表面也被覆固有鞘膜和白膜。睾丸输出小管构成膨大的附睾头，并汇合成一条附睾管，附睾管逐渐增粗形成附睾体和附睾尾。

脉管和神经由腹主动脉分出左、右睾丸动脉，通过鞘环进入鞘管腔，经睾丸的附着缘穿过白膜，分支到睾丸和附睾。静脉与动脉伴行。右侧静脉汇入后腔静脉；左侧汇入后腔静脉末端，髂总静脉的起始点。

神经来自主动脉神经丛的分支。伴随着动脉或静脉，分布到睾丸和附睾。

三、输精管和精索

输精管（*Ductus deferens*）起于附睾尾，由附睾管延续而成，沿附睾体至附睾头附近，进入精索后缘内侧的输精管褶中，经腹股沟管入腹腔，再向后进入骨盆腔。在膀胱颈的背侧，左、右两条输精管膨大形成输精管壶腹部（*Ampulla ductus deferentis*）。成年麋鹿的输精管壶腹部发达，长约 60mm，最大外径约 8mm。左、右壶腹部在后段约三分之一处连合。壶腹部末端变细，最后左、右两条输精管开口于尿道起始部背侧壁精阜（*Colliculus seminalis*）。

麋鹿的精索（*Funiculus spermaticus*）由两条扁带组成。一条是由睾丸动脉、静脉、淋巴管、神经、睾内提肌及外包的固有鞘膜组成，上窄下宽，呈扁圆锥状。另一条是输精管褶，内有输精管、输精管动脉、静脉等，外面包裹着固有鞘膜。两条扁带并列，借睾丸系膜固定在鞘膜壁上。

脉管与神经动脉来自睾丸动脉，睾丸静脉围绕着动脉形成蔓状，与动脉伴行。右侧睾丸静脉汇入后腔静脉；左侧静脉汇入后腔静脉末端。神经来自主动脉神经丛。

四、阴囊

成年雄性麋鹿的阴囊（*Scrotum*）位于两股之间包皮口的后外方，呈椭圆形，外形隆突，其隆突程度随年龄和是否处于发情期而不同，性成熟及处于发情期的麋鹿阴囊隆突较明显，呈悬吊状（图 8-4）。未性成熟的麋鹿阴囊突出不明显，幼龄麋鹿的阴囊由于睾丸较小，外观极不明显。阴囊内容纳睾丸、附睾和部分精索。

图 8-4　麋鹿的阴囊

阴囊壁的结构可分为皮肤、肉膜、睾外提肌和总鞘膜。阴囊皮肤较腹部皮肤薄，表面生有许多毛，其颜色、长度与股内侧皮肤的毛相似，但稍稀疏。在麋鹿发情期阴囊较柔软，富有弹性。

五、尿生殖道

雄性麋鹿的尿生殖道（*Canalis urogenitlis*）始于膀胱颈末端，起始端为尿生殖道内口，止于阴茎头端的尿道突，是精液和尿液的共同通道（图 8-5）。整个尿生殖道分为尿生殖道骨盆部和尿生殖道阴茎部。全长约 50cm。

尿生殖道管壁由黏膜层、海绵体层、肌层和外膜构成。黏膜有许多皱褶，海绵体层主要是由毛细血管膨大而形成的海绵体腔。肌层由深层的平滑肌和浅层的横纹肌组成。横纹肌的收缩对射精起重要作用，还可帮助排尿。

1. 尿生殖道骨盆部　位于骨盆腔内，起于膀胱颈，沿盆腔底壁正中向后延伸，达坐骨弓。背侧接直肠，表面较平直，腹侧贴骨盆腔底壁，表面窄而略尖。横断面呈倒置的倒三角形。盆部表面包有发达的尿道肌，其内腔宽阔。

2. 尿生殖道阴茎部　尿生殖道阴茎部起于坐骨弓，经左、右阴茎脚之间转

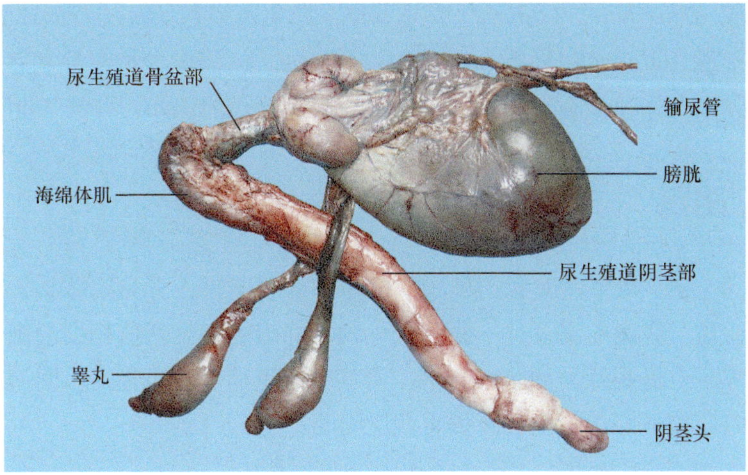

图 8-5 雄性麋鹿尿生殖道

到阴茎腹侧，前行至阴茎头的尿道突。

六、副性腺

麋鹿的副性腺包括精囊腺、前列腺和尿道球腺（图 8-6）。

精囊腺（*Glandula vesicularis*）相当发达，表面光滑，呈卵圆形，位于膀胱颈的背侧。腺体坚实，切面呈米黄色，蜂窝状，发情期流出淡黄色黏稠液体，外面包裹着一层尿道肌。腺体长约 75mm，宽约 43mm，厚约 37mm，重约 130g。

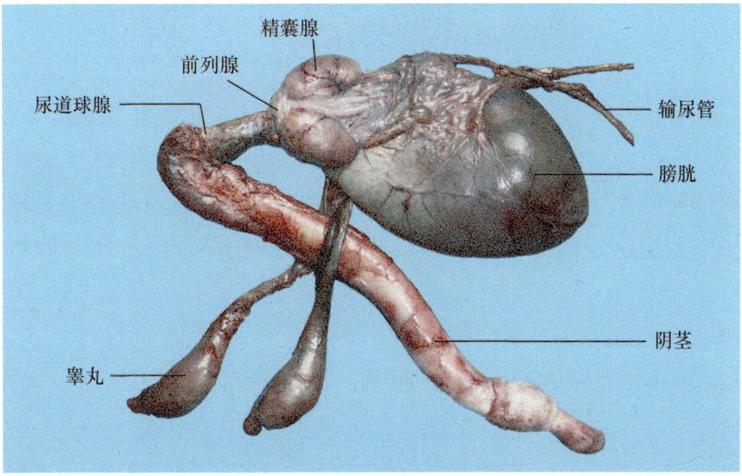

图 8-6 雄性麋鹿生殖副性腺

前列腺（*Glandula prostata*）不发达，位于尿生殖道起始部的背侧，呈卵圆状。

尿道球腺（*Glandula bulbourethralis*）不发达，位于尿生殖道骨盆部后端的背侧，分为两叶，每叶呈圆形薄片状，质地紧密，直径约 1cm，厚约 3mm。

七、阴茎

阴茎（*Penis*）是雄性麋鹿的排尿、排精和交配器官，分为阴茎头、阴茎体和阴茎根三部分。麋鹿的阴茎位于腹下坐骨联合的后缘，呈两侧稍扁的圆柱形，不形成乙状弯曲（图 8-7）。静止状态下，阴茎完全龟缩于包皮囊内。阴茎背侧面有两条细的韧带和血管，腹侧有两条阴茎退缩肌。

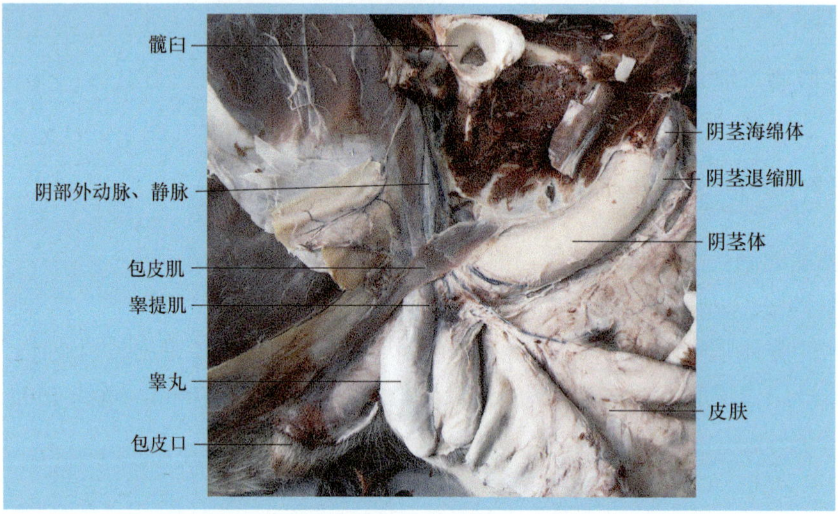

图 8-7　麋鹿的阴茎（固定标本）

阴茎根（*Radix penis*）包括左、右两个阴茎脚，附着于坐骨弓上，两个阴茎脚在坐骨联合后缘结合成阴茎体。两个阴茎脚外面覆盖着发达的坐骨海绵体肌。骨盆部的尿生殖道绕过坐骨弓，延续成为尿生殖道阴茎部，在阴茎腹侧的尿道沟内穿行。

阴茎体（*Corpus penis*）由两阴茎脚向前合并与尿道海绵体一起构成。阴茎体借阴茎悬韧带固定在坐骨联合腹侧。阴茎体的近根部较粗，横切面呈扁圆形。

阴茎头（*Glans penis*）是阴茎的游离部分，呈圆柱状，末端呈钝圆锥形，由海绵体褶皱构成，龟头纤维层较硬。尿道突很小，位于褶皱内。

阴茎海绵体（*Corpus cavernosum penis*）是阴茎的勃起组织，构成阴茎脚及阴茎体的大部分。外围包裹着很厚的纤维膜，称为白膜。麋鹿的阴茎海绵体体腔不发达，致密结缔组织丰富，阴茎较坚实。阴茎海绵体内阴茎深动脉分为 3 支（图 8-8）。

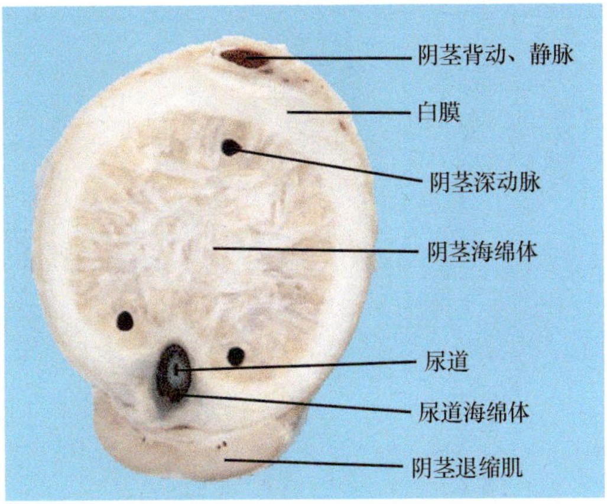

图 8-8 阴茎体后段横断面（固定标本）

尿道海绵体（*Corpus spongiosum penis*）颜色深，由尿生殖道骨盆部的海绵体延伸而来，围绕包裹着阴茎部尿生殖道，前端接阴茎头。尿道海绵体外层覆盖纤维质少，有发达的海绵体腔，较阴茎海绵体柔软。

阴茎动脉来自阴部内动脉，分布在阴茎的背侧。阴茎静脉在阴茎背侧呈静脉丛，汇集于盆腔尿生殖道的腹侧静脉网，再入阴部内静脉。

神经是阴部内神经分支。

八、包皮

麋鹿的包皮（*Praeputium*）是一个皮肤折转而形成的管状鞘，被覆在阴茎表面，以保护阴茎头。静止状态阴茎完全缩进包皮腔。包皮口生长毛，为深褐色或棕黄色，与腹部周围的毛较易辨别。外包皮由腹部皮肤延伸而成。在包皮环处，外包皮向内反转成内包皮。内包皮无毛，膜光滑，内包皮褶叠形成圆筒状的包皮褶，套在阴茎头外（图 8-9）。内包皮长 5 ～ 7cm，包皮口围长约 12cm。当阴茎勃起时，内包皮展开覆于勃起的阴茎体上，延接外包皮。

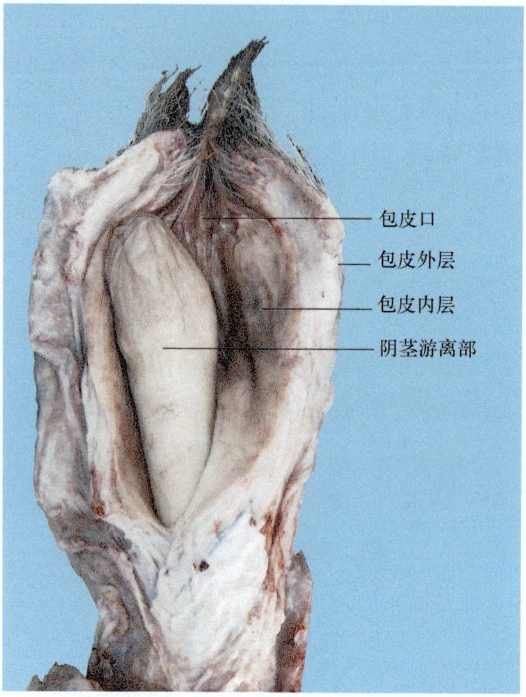

图 8-9 麋鹿的包皮（固定标本）

第二节 雌性生殖器官

麋鹿的雌性生殖器官包括卵巢、输卵管、子宫、阴道、尿生殖道前庭与阴门（图 8-10）。

一、卵巢

麋鹿的卵巢（*Ovarium*）成对，外形呈蚕豆形，长 2 ～ 2.8cm，宽 1.2 ～ 2cm，厚约 1.1cm。颜色较淡，表面光滑，有时可见少量卵泡。表面由输卵管系膜与卵巢固有韧带形成的卵巢囊被覆。

左、右卵巢位于腰下部第 4、第 5 腰椎横突的腹侧，以卵巢系膜悬于盆腔前口。卵巢背缘是附着缘，有卵巢系膜附着，以固定卵巢的位置。动脉、静脉及神经沿

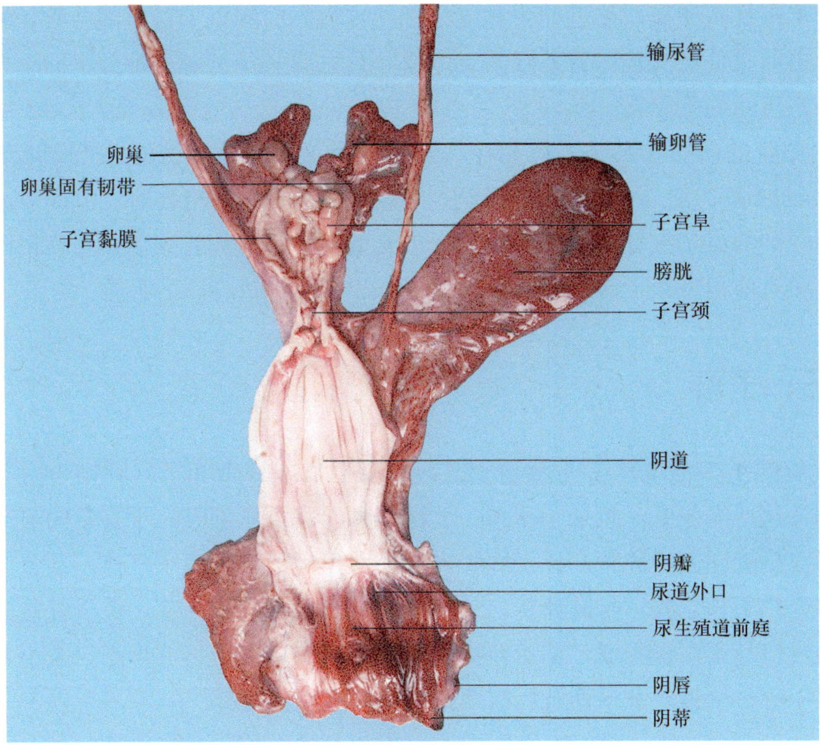

图 8-10　青年麋鹿的雌性生殖系统

此缘进出卵巢，形成卵巢门（*Hilus ovarii*）。卵巢的腹缘为游离缘，表面光滑。卵巢的前端为输卵管端，与输卵管伞相连，卵巢的后端为子宫端，以卵巢固有韧带与子宫角相连。卵巢固有韧带是位于卵巢后端与子宫角之间的浆膜褶，位于输卵管内侧。卵巢固有韧带与输卵管系膜之间形成卵巢囊（*Bursa ovarii*）。

卵巢的纵切面可见分界线清楚的皮质部和髓质部。皮质部分布在卵巢的周缘，米黄色，解剖镜下可见处于不同发育阶段的卵泡和黄体等。髓质部呈灰白色，占据卵巢的大部分，富含弹性纤维、血管、淋巴管和神经等。

卵巢的动脉为子宫卵巢动脉，是腹主动脉的分支。动脉沿卵巢系膜至卵巢的附着缘，经卵巢门进入卵巢。静脉和动脉伴行。卵巢的神经来自主动脉神经丛，与动脉伴行。

二、输卵管

输卵管（*Tuba uterina*）是一条多弯曲的细管，位于卵巢和子宫角之间，呈一个半圆形围绕着卵巢，靠近卵巢侧部分管径较粗，而靠近子宫角部分管径较细。输卵管由卵巢外侧的输卵管系膜固定，输卵管系膜是子宫阔韧带分出的连系输卵管和子宫角间的浆膜褶。

输卵管的起始端膨大，呈漏斗状紧贴卵巢，称为输卵管漏斗（*Infundibulum tubae uterinae*），漏斗周围富有呈放射状排列、边缘不整的皱褶，由许多浅切迹构成不规则的瓣状缘称为输卵管伞（*Fimbria tubae*）。输卵管伞部在正常情况下，紧贴在卵巢前端表面上。输卵管壶腹（*Ampulla tubae uterinae*）明显。

三、子宫

麋鹿的子宫（*Uterus*）为双角子宫，借助子宫阔韧带和子宫圆韧带附着于腰下部和骨盆口缘侧壁，包括子宫角、子宫体和子宫颈三部分。子宫角的前端以输卵管子宫口接同侧输卵管，位于腹腔内。子宫角向后延续为子宫体，部分伸入腹腔，部分位于骨盆腔，呈圆筒状。子宫颈为子宫后部的缩细部，位于骨盆腔，以子宫颈内口与子宫体相通，以子宫颈外口向后通阴道。子宫的形态、大小、位置因麋鹿年龄、个体、性周期及妊娠期等不同而有很大差异。

四、阴道

阴道（*Vagina*）位于骨盆腔内，呈扁管状。背侧为直肠，腹侧为膀胱和尿道，两侧接骨盆侧壁，前端接子宫颈，后端接尿生殖道前庭。

阴道前端的内腔较宽大，在子宫颈阴道部的周围形成一个环状的隐窝，称为阴道穹窿（*Fornix vaginae*）。

五、尿生殖道前庭与阴门

麋鹿的尿生殖道前庭（*Vestibulum urogenitale*）为左右稍压扁的圆柱状管，位于骨盆腔内。尿生殖道前庭背侧为直肠和肛门；腹侧贴骨盆底，两侧靠荐坐韧带；尿生殖道前庭前接阴道，在前端腹侧壁上有一条横行黏膜褶称为阴瓣（*Hymen*），是尿生殖道前庭与阴道的分界线；后端以阴门与外界相通。在尿生殖道前庭的腹侧壁上、阴瓣紧后方、距阴唇腹侧联合 55 ～ 75mm 处有一纵裂状开口为尿道外口（*Ostium urethrae externum*）。尿生殖道前庭的黏膜面较粗糙，有许多条纵行的皱褶。阴道前庭腹侧面及两侧的黏膜有许多点状小乳头，为前庭小腺开口。

阴门（*Vulva*）由左、右两半隆起的阴唇（*Labium pudendi*）组成，位于肛门下方。两阴唇间背腹向的裂隙口，称为阴门裂（*Rima pudendi*），裂口长 4 ～ 5cm。在腹侧联合内有一深约 0.9cm、长 1.4cm、宽约 0.9cm 的陷窝，称为阴蒂窝（*Fossa clitoridis*）。麋鹿的阴蒂窝较明显（图 8-11）。

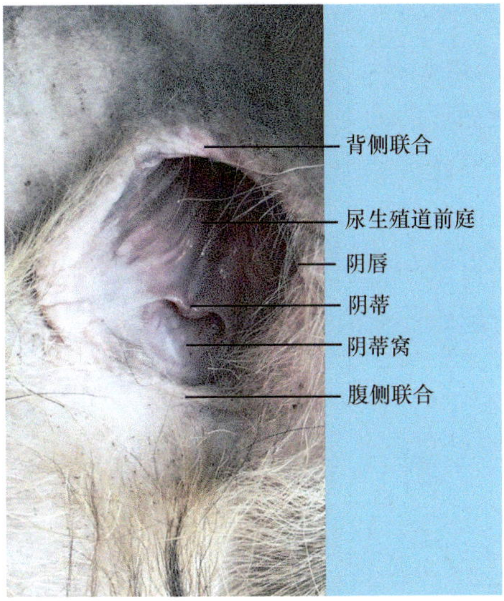

图 8-11　麋鹿的外阴部

阴蒂（*Clitoris*）分为阴蒂头和阴蒂脚两部分。头部游离，头部的底宽约 0.7cm，高约 0.9cm。阴蒂头固定后颜色白，阴蒂脚色暗红，与阴蒂窝的表面颜色一致。阴蒂内部为海绵组织。

第九章

心血管系统

麋鹿的心血管系统由心脏、血管（动脉、毛细血管和静脉）和其中流动的血液组成。心脏是血液循环的动力器官，动脉是从心脏输出到肺和全身各部的血管，沿途反复分支，管径越分越小，管壁由厚变薄，最后移行为毛细血管。毛细血管是连于动脉和静脉间的微细血管，几乎遍布全身，相互连成网状，管壁薄，具有一定的通透性，是血液和组织液交换物质的微小血管。静脉是收集血液回心脏的血管，从毛细血管起始逐渐汇集成小、中、大静脉，最后汇注入心脏。

第一节　心　　脏

一、心脏的位置和形态

心脏位于胸腔纵隔的心包内，在胸腔后下部，第 3 对肋间隙与第 6 对肋骨间，略偏左（图 9-1）。

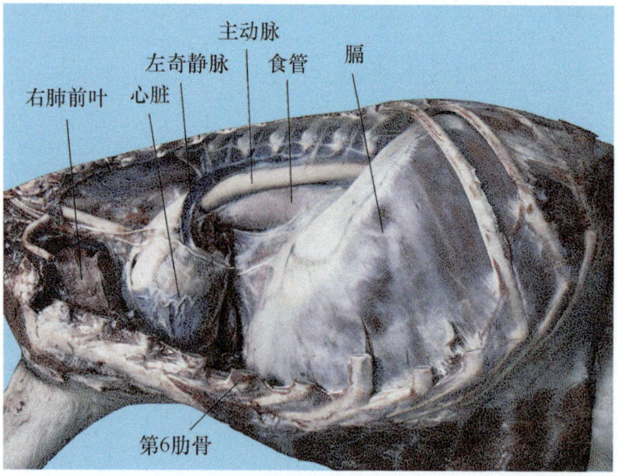

图 9-1　心脏的位置（固定标本）

心脏（*Cor*）是中空的肌质器官，外包有心包。麋鹿的心脏呈倒圆锥形；上部宽大称为心基或心底（*Basis cordis*），大致位于肩关节的水平线上，有进出心脏的大血管；下部小且游离，称为心尖（*Apex cordis*）（图 9-2）。

心脏表面有一条环状的冠状沟和两条纵沟。冠状沟（*Sulcus coronarius*）靠近心基，为环绕心脏的环状沟，近似圆形，位于心房和心室之间，是心房和心室的外观分界，上为心房，下为心室（图 9-2，图 9-3）。左纵沟又称锥旁室间沟

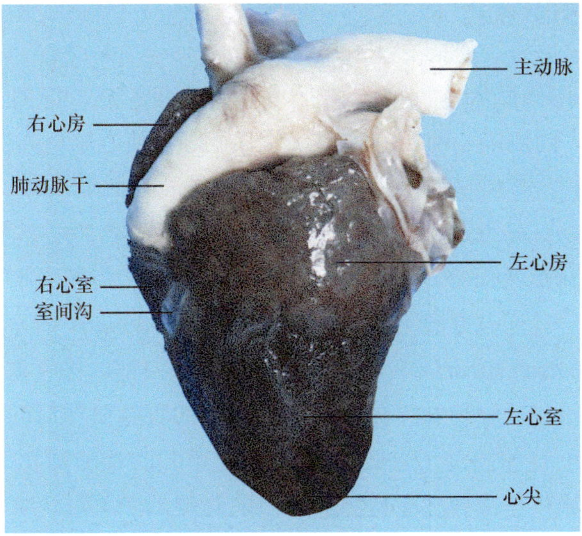

图 9-2　麋鹿心脏左侧面（固定标本）

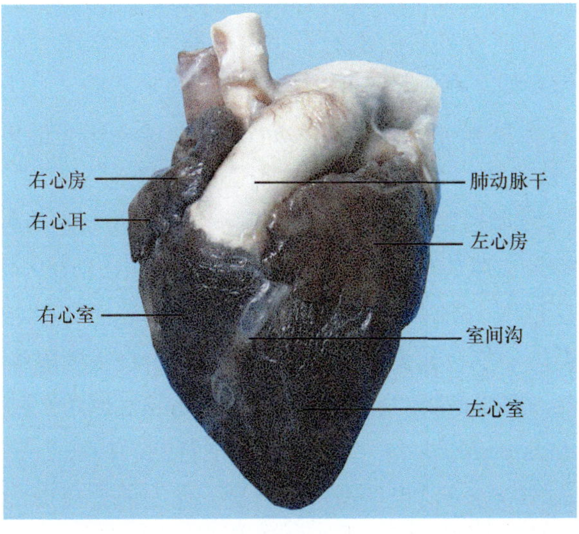

图 9-3　麋鹿心脏右侧面（固定标本）

(*Sulcus interventricularis paraconalis*)，位于心脏的左侧面偏前，由冠状沟向下延伸，几乎与心脏的右缘平行；右纵沟又称窦下室间沟（*Sulcus interventricularis subsinuosus*），位于心脏的右侧面偏后，由冠状沟向下延伸至心尖（图 9-2，图 9-3）。两室间沟是左心室、右心室的外观分界，前部为右心室，后部为左心室。在冠状沟和室间沟内有冠状血管。

二、心腔的构造

心脏内腔由房间隔和室间隔分为互不相通的两部分，每侧又分为上部的心房和下部的心室，同侧的心房和心室以房室口相通，故心脏分为左心房、左心室、右心房和右心室。

1. 右心房（*Atrium dextrum*） 位于右心室的背侧，占据心基的右前部，壁薄，包括右心耳和静脉窦两部分。右心耳（*Auricula dextra*）为圆锥形盲囊，在肺动脉干前方朝左突出，有许多方向不同的梳状肌（*Mm. pectinati*）而显得凹凸不平。腔静脉窦（*Sinus venarum cavarum*）是体循环静脉的入口部，接收前、后腔静脉的静脉血，前腔静脉口和后腔静脉口分别位于右心房的背侧壁和后壁。在后腔静脉入口附近的房间隔上有卵圆窝（*Fossa ovalis*），是胎儿时期卵圆孔（*Foramen ovale*）的遗迹。心大静脉和左奇静脉在后腔静脉口的腹侧，注入冠状窦。

2. 右心室（*Ventriculus dexter*） 位于心脏的右前部、右心房腹侧，斜向前下方，略凸，内腔不伸到心尖，壁较左心室薄。通过右房室口与右心房相通。右房室口在主动脉口右前方、右心室的右上部，略呈卵圆形，周缘以致密结缔组织构成的纤维环为支架，在纤维环上附着 3 片三角形瓣膜，称为三尖瓣（*Valvula tricus pidalis*）或右房室瓣（*Valva atrioventricularis dextra*）（图 9-4，图 9-5）。瓣膜的游离缘通过腱索连于乳头肌（图 9-4）。出口为肺动脉口（*Ostium arteriae pulmonalis*），位于主动脉口左前方，呈圆形，由纤维环围绕而成，纤维环上附着的 3 个袋状的半月形瓣膜为半月瓣（*Valvula semilunaris*）（图 9-4，图 9-5）。瓣膜的动脉面凹，心室面凸，袋口朝向肺动脉干。心室内表面有些心肌柱，一些呈小梁状，为隔缘小梁，一些呈乳头状，为乳头肌，室中最大的隔缘小梁由室间隔横过室腔走向室侧壁，即心横肌，心横肌直径约 0.6mm，以防止心室过度扩张。

3. 左心房（*Atrium sinistrum*） 位于左心室背侧，构成心基的左后部。前部为左心耳（*Auricula sinistra*），也呈圆锥状盲囊，向左前方突出，也有梳状肌，表面显得凹凸不平。左心房后背侧壁上为肺静脉入口。左心房下方有一左房室口，

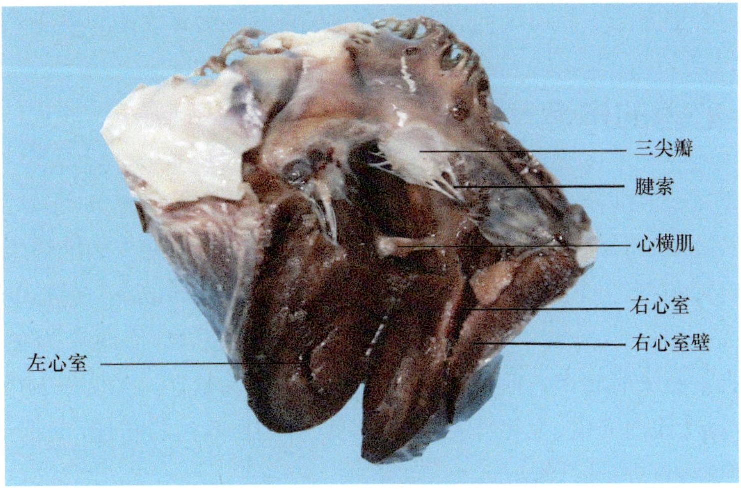

图 9-4　麋鹿心脏右心室

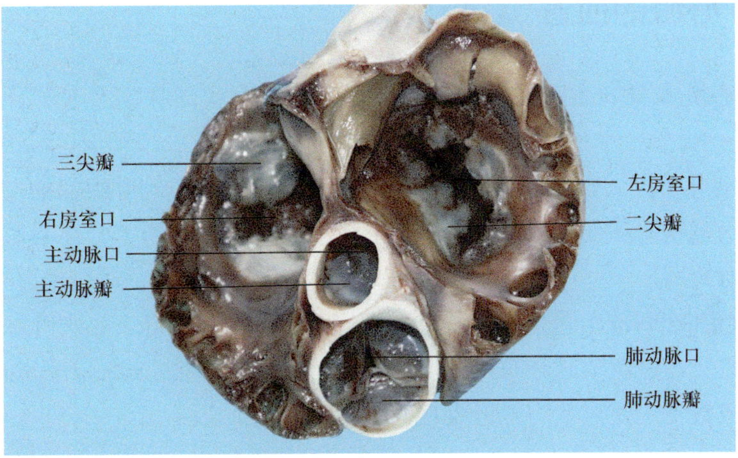

图 9-5　麋鹿心脏的冠状面

与左心室相通。

4. 左心室（*Ventriculus sinister*）　位于心脏的左后部、左心房腹侧，后缘较平直，顶端向下形成心尖。基部有左房室口和主动脉口，分别与左心房和主动脉相通。左房室口（*Ostium atrioventriculare sinistrum*）为左心室入口，位于主动脉口后面、左心室后上部，呈卵圆形，也由纤维环围绕而成（图 9-5）。在纤维环上附着的两片强大的瓣膜为二尖瓣（*Valvula bicuspidalis*），也称为左房室瓣（*Valva atrioventricularis sinistra*）。主动脉口（*Ostium aortae*）为左心室出口，位于左心室前上部，呈圆形，由纤维环围绕而成，纤维环上附着 3 个较厚的半月瓣。瓣膜的动脉面凹，心室面凸，袋口朝向肺动脉干。左心室内也有数条心横肌。

三、心壁的构造

麋鹿的心壁由心外膜、心肌和心内膜组成。心外膜（*Epicardium*）为表面光滑的浆膜，紧贴心肌外表面，同时也是心包浆膜脏层，由间皮和结缔组织构成。血管、淋巴管和神经沿心外膜的深面延伸。心肌（*Myocardium*）是心壁最厚的一层，主要由心肌纤维构成，内有血管、淋巴管和神经等。心肌分为独立的心房肌和心室肌，心房肌较薄，心室肌发达，以心室壁为最厚，约为3.5cm。心内膜（*Endocardium*）薄而光滑，紧贴于心肌内表面，并与血管内膜相连，其深面有血管、淋巴管、神经和心传导纤维。

四、心脏的血管

麋鹿心脏本身的血液循环称为冠状循环，由冠状动脉、毛细血管和心静脉组成。

冠状动脉（*A. coronarius*）分为左、右两支，分别由主动脉根部的左后窦和前窦发出，沿冠状沟和左、右纵沟延伸，分支分布于心房和心室，在心肌内形成丰富的毛细血管网。

心静脉（*V. cordis*）包括心大静脉、心中静脉、心小静脉。心大静脉和心中静脉伴随着左、右冠状动脉分布，最后注入右心房的冠状窦（*Sinus coronarius*）。心小静脉分成数支，在冠状沟附近直接开口于右心房。

五、心脏的传导系统和神经支配

（一）心脏的传导系统

麋鹿心脏的传导系统由特殊分化的心肌纤维构成，能自动地发放和传导兴奋，其主要功能是产生并传导心搏动的冲动至整个心脏，使心肌有节律地收缩和舒张。心脏的传导系统包括窦房结、房室结、房室束，以及分布到心室乳头肌和心室壁的浦肯野纤维丛；该系统的细胞类型包含起搏细胞、移行细胞和浦肯野细胞三种。

1. 窦房结（*Nodus sinuatrialis*） 为心的正常起搏点，位于前腔静脉和右心耳间界沟内的心外膜下。除分支到心房肌外，还分出数支结间束与房室结相连。

2. 房室结（*Nodus atrioventricularis*） 位于房中隔的心内膜下，冠状窦的前下部。

3. 房室束（*Fasciculus atrioventricularis*） 是房室结的直接延续，在室中隔上部分为右束支（右脚）和左束支（左脚），分别在室中隔的右室侧和左室侧心内膜下延伸，分出小分支至室中隔，还分出一些分支通过心横肌分布到心室的侧壁。小分支在心内膜下分散成浦肯野纤维，与普通心肌纤维相连。

一般认为窦房结兴奋性最高，能产生节律性兴奋，传至心房肌，使心房收缩，并经心房肌传至房室结，再经房室束和浦肯野纤维传至心室肌，引起心室收缩。

（二）心脏的神经

心脏的运动神经有交感神经和副交感神经。交感神经可使窦房结兴奋，促进心肌活动增强；副交感神经作用正好相反，可抑制房室传导，使心跳减慢。心脏的感觉神经分布于心壁各层。

六、心包

心包（*Pericardium*）为包在心脏周围的纤维囊，薄而坚韧，包于心外，形状与心脏外形相符。囊壁由内、外两层组成，可以保护心脏。外层为纤维膜，又称纤维性心包（*Pericardium fibrosum*），是坚韧的结缔组织囊，在心基部与出入心脏的大血管外膜相延续，在心尖部构成胸骨心包韧带，使心脏附着于胸骨。内层为浆膜，或称浆膜性心包（*Pericardium serosum*），又可分为壁层和脏层。壁层衬于纤维膜的里面，在心基转折后，覆盖于心肌表面形成心外膜，即心包脏层。壁层和脏层间的裂隙称为心包腔（*Cavum pericardii*），内含有少量浆液，可起到润滑和减少摩擦的作用。

心包位于纵隔内，心包外面覆盖有纵隔胸膜，即心包胸膜。

七、血液在心内的流向

麋鹿的心房肌和心室肌是完全独立的两个肌系，在心脏传导系统和神经的作用下，心房和心室进行有节律的交替收缩和舒张，心腔内的瓣膜能有规律地顺血流开张和逆血流关闭，从而保证血液在心腔内按一定方向流动。血液在心腔内的流动：静脉→心房→心室→动脉→毛细血管→静脉。

机体内的血液流动分为体循环和肺循环。体循环：左心房→左心室→主动脉及其分支→全身毛细血管网→全身静脉→前、后腔静脉→右心房。当心房收缩时，心室舒张，肺静脉血由左心房进入左心室，再由左心室进入主动脉，接着经主动脉及其分支输送到全身各部的毛细血管，完成气体和物质交换，经各级静脉最后汇合到前腔静脉、后腔静脉、心静脉和左奇静脉，当心房舒张时进入右心房。肺循环：右心房→右心室→肺动脉干及其分支→肺毛细血管网→肺静脉→左心房。当心房收缩、心室舒张时，静脉血由右心房经右房室口进入右心室。心室收缩时，又从右心室经肺动脉干及其分支输送到肺毛细血管，进行气体交换，当心房舒张时，经肺静脉入左心房。体循环和肺循环是整个血液循环中不可分割的两部分，共同完成机体血液的运输功能。

第二节　血　　管

一、血管的种类及分布规律

血管根据其结构和功能不同，可分为动脉、毛细血管和静脉。动脉（*Arteria*）管壁厚，富有弹性和收缩性，使心脏流出的血液流入麋鹿全身；毛细血管（*Vas capillare*）管壁很薄，由一层内皮细胞构成，是体内分布最广的血管，在全身各处互相吻合成网；静脉（*Venae*）管壁薄，管腔大，将全身各部的血液引流回心脏。

静脉的分支一般可分为深静脉和浅静脉。深静脉常与动脉伴行；浅静脉位于皮下，故又称为皮下静脉，可汇合入深静脉。浅静脉位于皮下，从体表可以直接看见或者很容易摸到，如隐静脉、耳静脉和颈静脉等，临床上常用来采血、放血和静脉注射。

二、肺循环的血管

肺循环的血管包括肺动脉、毛细血管和肺静脉。

肺动脉干（*Truncus pulmonalis*）起于右心室，在主动脉的左侧向后上方延伸，至心基的后上方（图 9-6），气管分叉处下方分为左、右两支肺动脉，分别与同侧支气管一起经肺门入左、右肺。右支肺动脉较左支肺动脉略粗。肺动脉在肺内随支气管而分支，最后在肺泡周围形成毛细血管网，在此进行气体交换。肺静脉（*Venae pulmonales*）由肺内毛细血管网汇合而成，和肺动脉、支气管伴行，最后汇合成肺静脉，右肺静脉有 3 条，左肺静脉有 2 条，由肺门出肺后进入左心房。

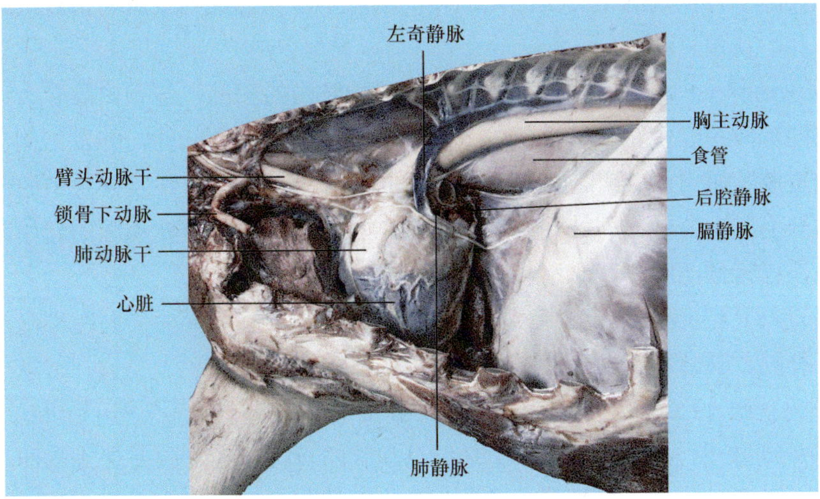

图 9-6　麋鹿胸腔血管

三、体循环的血管

（一）体循环的动脉系

主动脉（*Aorta*）是体循环的动脉主干，全身所有的动脉支都直接或间接地自此发出。主动脉起于左心室的主动脉口，自主动脉口弯向后上方，呈弓状延伸至第 6 胸椎腹侧，移行为主动脉弓（图 9-6）；主动脉继续沿胸椎腹侧向后延续至膈为胸主动脉，胸主动脉穿过膈上的主动脉裂孔进入腹腔，即腹主动脉。

1. 主动脉弓（*Arcus aortae*）　为升主动脉的延续，出心包后向后上方弯曲，至第 6 胸椎腹侧，移行为胸主动脉。主动脉弓与肺动脉干间有一圆柱状的连结物，称为动脉导管索，是胎儿时期动脉导管的遗迹。主动脉的主要分支如下。

(1) 左、右冠状动脉　由主动脉的根部分出，大部分分布到心脏，有少量小分支分布到大血管的起始部。

(2) 臂头动脉干 (*Truncus brachiocephalicus*) 从主动脉弓凸面向前分出的粗大的臂头动脉干，为头、颈、前肢和胸壁前部的血液供应主干 (图 9-6)。自主动脉分出后沿气管腹侧前行，于第一肋骨处分出左锁骨下动脉后，臂头动脉干移行为臂头动脉。臂头动脉于胸口前分出双颈动脉干后，又移行为右锁骨下动脉。

(3) 双颈动脉干及其分支 双颈动脉干 (*Truncus bicaroticus*) 为头颈部的动脉总干，起于臂头动脉干分出的短而粗的动脉干，向前延伸至胸前口处气管的腹侧分为左、右颈总动脉。

颈总动脉 (*A. carotis communis*) 位于颈静脉沟的深部，与颈内静脉、迷走神经干共同形成神经血管束，沿气管或食管的外侧向前上方延伸，并发出侧支分布到颈部皮肤、肌肉、食管、气管、喉、甲状腺和淋巴结等。在寰枕关节腹侧，颈总动脉分为三大分支，即枕动脉、颈内动脉和颈外动脉。在枕动脉的起始部血管稍膨大，称为颈动脉窦。

枕动脉 (*A. occipitalis*) 由颈总动脉发出，在颌下腺的深面伸向寰椎窝，分布于脑、脊髓、脑硬膜、中耳，以及头后部的皮肤和肌肉。

颈内动脉 (*A. carotis interna*) 为三大分支中最小的一支，分布于脑和脑硬膜。

颈外动脉 (*A. carotis externa*) 是颈总动脉的直接延续，向前上方延伸，为三大分支中最粗的一支，在颞下颌关节处分出颞浅动脉后移行为上颌动脉。颈外动脉可分为颞浅动脉、颌外动脉、耳后动脉等较大的分支，分布于面部、口腔、咽、腮腺、牙齿、眼球、泪腺等 (图 9-7)。

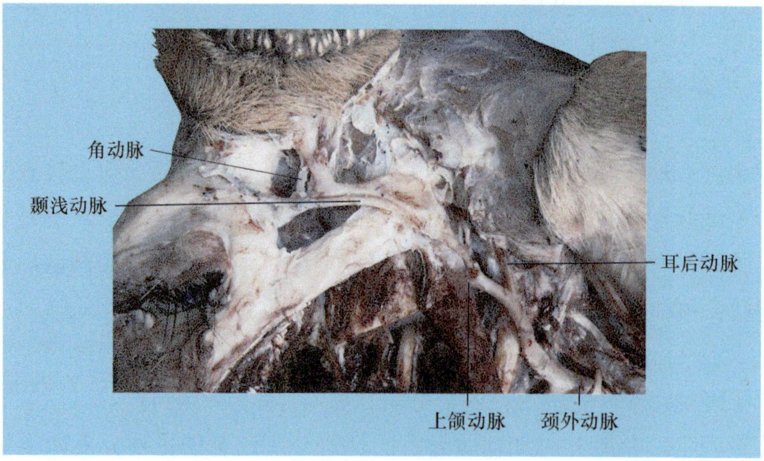

图 9-7 麋鹿的颈外动脉及其分支

颌外动脉是颈外动脉分支中最大的一个分支，沿咽外侧壁向前向下延伸，绕过下颌骨血管切迹至面部，转为舌面动脉。

(4) 锁骨下动脉及其分支　锁骨下动脉 (*Aa. subclavia*) 向前下方及外侧呈弓状延伸 (图 9-6)，绕过第 1 肋骨前缘出胸腔，延续为到前肢的腋动脉。左锁骨下动脉在胸腔内发出的分支有肋颈动脉、颈深动脉、椎动脉、胸廓内动脉、颈浅动脉和腋动脉。

肋颈动脉 (*A. costocervicalis*) 由左锁骨下动脉背侧发出，在第一肋的前缘向前上方延伸，分出颈横动脉、肋间动脉、肩胛背侧动脉和颈深动脉，之后移行为椎动脉。

颈深动脉 (*A. cervicalis profunda*) 由肋颈动脉干发出，向前上方延伸，分布到颈背侧部和侧部的肌肉及皮肤。

椎动脉 (*A. vertebralis*) 出胸腔后进入颈椎横突管内，向前方延伸，主要分布于颈侧部的肌肉、皮肤、脊髓、脊膜。

胸廓内动脉 (*A. thoracica interna*) 为一较大的分支，沿胸骨背侧向后延伸，有分支到胸腺、纵隔、心包、胸壁肌肉和膈，向后到第 8 肋软骨处穿出胸膛，延续为腹壁前动脉，在腹直肌和腹横肌间继续向后延伸，分布于腹壁肌和皮肤。

颈浅动脉 (*A. cervicalis superficialis*) 为锁骨下动脉于胸前口处向前的分支，又称肩颈动脉，分布于胸前、肩关节前方的肌肉和皮肤。

腋动脉 (*A. axillaris*) 为锁骨下动脉出胸腔后的直接延续，位于肩关节内侧，是分布于前肢的主动脉干。

2. 胸主动脉及其分支　胸主动脉 (*Aorta thoracica*) 是主动脉弓的直接延续，为胸部的粗大动脉主干，沿胸椎椎体腹侧稍偏左向后延伸，穿过膈的主动脉裂孔后延续为腹主动脉。胸主动脉的侧支分为壁支和脏支。壁支为成对的肋间背侧动脉和肋腹背侧动脉，脏支为支气管食管动脉。

(1) 支气管食管动脉 (*A. bronchoesophagea*)　麋鹿的支气管食管动脉始于胸主动脉的起始部，在气管分叉处分为支气管支和食管支。

(2) 肋间背侧动脉 (*Aa. intercostales dorsales*)　麋鹿肋间背侧动脉前 3 对由肋颈动脉干发出，其余由胸主动脉发出。每一肋间背侧动脉在肋间隙的上端分出背侧支和腹侧支。背侧支分支到脊柱背侧肌肉和皮肤，同时分出脊髓支入椎间孔，分布于脊髓。腹侧支较粗，沿肋骨后缘向下延伸，沿途分支，向下延伸与胸内动脉的分支吻合，分布于胸侧壁的肌肉和皮肤。

3. 腹主动脉及其分支　腹主动脉 (*Aorta abdominalis*) 是胸主动脉的直接延

续，位于腰椎腹侧略偏左，向后延伸到第5、第6腰椎处，分为左、右髂内动脉和左、右髂外动脉（图9-8）。麋鹿的腹主动脉在分出左、右髂内动脉和左、右髂外动脉后，还延续为到荐部和尾部的荐中动脉。麋鹿的腹主动脉在腹腔内的分支主要有腰动脉、腹腔动脉、肠系膜前动脉、肾动脉、肠系膜后动脉和睾丸动脉（或卵巢动脉）。

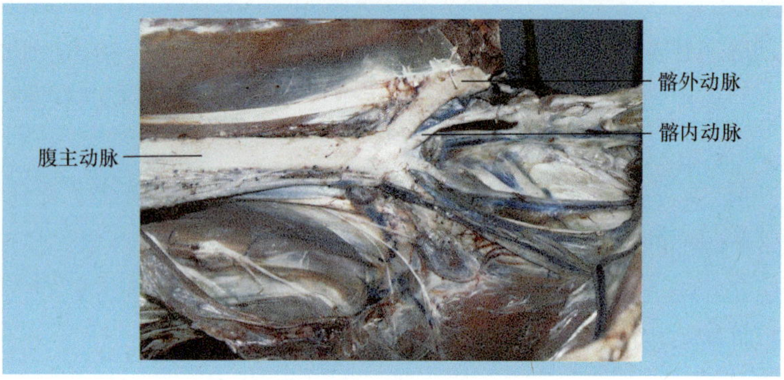

图 9-8　麋鹿的腹主动脉及其分支

(1) 腹腔动脉 (*A. celiaca*)　麋鹿的腹腔动脉不成对，短而粗，在主动脉裂孔后方起于腹主动脉。麋鹿腹腔动脉的主要分支有肝动脉、脾动脉和胃动脉，是分布于肝、胃、脾、胰和十二指肠前部等腹腔脏器的动脉主干。

(2) 肠系膜前动脉 (*A. mesenterica cranialis*)　是腹主动脉最粗的分支。在腹腔动脉之后，由第2腰椎腹侧起于腹主动脉腹侧。主干经左、右膈脚间进入肠系膜，分布于胰腺、小肠和部分大肠。

(3) 肾动脉 (*A. renales*)　麋鹿的肾动脉成对，在第2腰椎处由腹主动脉分出，主干经肾门入肾，分布于肾及脂肪囊。入肾前尚有分支到肾上腺、脂肪囊和输尿管。

(4) 睾丸动脉 (*A. testicularis*) 或卵巢动脉 (*A. ovarica*)　成对，在肠系膜后动脉附近由腹主动脉发出。睾丸动脉经腹股沟管向下进入鞘膜管，参与构成精索，近睾丸处的睾丸动脉高度盘曲，分布于精索、睾丸、附睾、输精管和鞘膜等。卵巢动脉成对，进入子宫阔韧带延伸，主干盘曲，从卵巢门进入卵巢，分布于卵巢、输卵管和子宫角。

(5) 肠系膜后动脉 (*A. mesenterica caudalis*)　麋鹿的肠系膜后动脉不成对，在第4腰椎腹侧由腹主动脉发出，移行于结肠系膜内，分为两支，一支（结肠左动脉）分布于结肠后部，另一支（直肠前动脉）分布于直肠。

(6) 腰动脉 (*Aa. lumbales*)　麋鹿有6对，前5对起于腹主动脉，第6对起于髂内动脉，分布于腰腹部的肌肉、皮肤和脊髓等处。

4. 骨盆部动脉 麋鹿的腹主动脉在第6腰椎腹侧分出左、右髂内动脉。髂内动脉是骨盆部动脉主干，主要分支有脐动脉、髂腰动脉、臀前动脉和臀后动脉、闭孔动脉、阴部内动脉。髂内动脉分布于骨盆内器官、荐臀部及尾部的肌肉和皮肤。

(1) 脐动脉 (*A. umbilicalis*) 胎儿时期脐动脉很粗，由髂内动脉在骨盆前口处分出，出生后管壁增厚，管径变小，远端闭塞成为膀胱圆韧带，近端主要分支有输尿管支、输精管动脉（雄性麋鹿）或子宫动脉（雌性麋鹿）和膀胱前动脉。各分支分布于输尿管、膀胱前部，雄性麋鹿的输精管及精索的筋膜，或雌性麋鹿的子宫角和子宫体。子宫动脉妊娠后变粗大，直肠检查时能够摸到搏动。

(2) 髂腰动脉 (*A. iliolumbalis*) 常在脐动脉后方，由髂内动脉分出的小动脉，主要分布于髂腰肌。

(3) 臀前动脉 (*A. glutea cranialis*) 有1或2支，有时起于髂腰动脉后方，穿过坐骨大孔分布于臀部肌肉。

(4) 臀后动脉 (*A. glutea caudalis*) 较粗，经坐骨小孔穿出盆腔向下向后延伸，分布于臀股二头肌及其深面邻近的肌肉。

(5) 闭孔动脉 (*A. obturatoria*) 分布于股内肌群。

(6) 阴部内动脉 (*A. pudenda interna*) 为髂内动脉在坐骨小孔之后的延续，分出直肠后动脉，分布于直肠后段及肛门等。雄性麋鹿的阴部内动脉分出尿道动脉和会阴腹侧动脉后，移行为阴茎动脉，分布于尿道盆部、尿道球腺、坐骨海绵体肌、会阴部。雌性麋鹿阴部内动脉分出前庭动脉和会阴腹侧动脉，之后延续为阴蒂动脉，分布于阴道前庭、会阴部等处。

5. 前肢动脉 锁骨下动脉延续至肩关节内侧的一段称为腋动脉，是前肢动脉的主干，依据位置的不同，前肢动脉可分为腋动脉、臂动脉、正中动脉和指总动脉。

(1) 腋动脉 (*A. axillaris*) 为锁骨下动脉出胸腔后的直接延续，位于肩关节内侧，分出肩胛上动脉和肩胛下动脉，分布于肩部的肌肉和皮肤。

肩胛上动脉 (*A. suprascapularis*) 较细，在肩关节内侧前方由腋动脉的起始部向上分出，并与同名静脉、神经伴行，延伸至肩胛下肌前缘和冈上肌之间，绕过肩胛骨前缘进入冈上肌深面，分支分布于肩胛下肌、冈上肌和肩关节囊等。

肩胛下动脉 (*A. subscapularis*) 较粗，在肩关节内后方处起于腋动脉，分为胸背动脉 (*A. thoracodorsalis*)、旋肱后动脉 (*A. circumflexa humeri caudalis*) 和旋肩胛动脉 (*A. circumflexa scapulae*)，分布至肩胛下肌、大圆肌、小圆肌、冈下肌、

臂三头肌和肩关节等处。

(2) 臂动脉 (*A. brachialis*) 为腋动脉的向下延续，位于肱骨内侧，沿途主要分出臂深动脉、尺侧副动脉、桡侧副动脉和骨间总动脉等，分布于臂部和前臂部的肌肉和皮肤。

臂深动脉 (*A. profunda brachii*) 在臂部近 1/3 处由臂动脉向后发出，并于臂三头肌长头和内侧头之间分成数支，分布于臂三头肌、臂肌、肘肌和前臂筋膜张肌。

尺侧副动脉 (*A. collateralis ulnaris*) 在臂部内侧下 1/3 处自臂动脉向后发出，与同名静脉和尺神经伴行于尺沟内，在肘关节内侧处分出数条分支，分别分布于臂三头肌长头和内侧头、肘关节及前臂内侧皮肤等。主干经尺沟下行，分布至前肢远端。

桡侧副动脉 (*A. collateralis radialis*) 由臂动脉发出，从肱骨远端内侧髁上缘伸至臂二头肌深面、臂肌与腕桡侧伸肌之间，并向下延伸至肘关节和前臂背外侧，发出分支分布于肘关节的屈肌，以及腕关节、指关节的伸肌。

骨间总动脉 (*A. interossea communis*) 在肘关节下内侧，由臂动脉向后发出的侧支，分布于腕部和指部的肌肉。

(3) 正中动脉 (*A. mediana*) 为臂动脉的延续，位于前臂内侧，沿正中沟与同名静脉、神经伴行，向下分布于前臂部的肌肉和皮肤。主要分支有前臂深动脉和桡动脉等。

前臂深动脉 (*A. profunda antebrachii*) 在前臂近端处，由正中动脉发出，分支分布于腕桡侧屈肌、指浅屈肌、指深屈肌及腕尺侧屈肌。

桡动脉 (*A. radialis*) 在前臂中部由正中动脉分出，于腕桡侧屈肌的深层伸向远端延伸，分支分布于前肢远端。

(4) 指总动脉 (*A. digitalis communis*) 正中动脉在前臂远端延续为指总动脉，位于掌骨的掌内侧，分布于前肢远端的皮肤和肌肉。

6. 后肢动脉 由腹主动脉分出的髂外动脉是后肢动脉的主干。根据部位可分成髂外动脉、股动脉、腘动脉、胫前动脉、跖背侧动脉和跖背侧总动脉。

(1) 髂外动脉 (*A. iliaca externa*) 由腹主动脉发出，在腹膜和髂筋膜覆盖下，沿盆腔前口侧壁向后下方延伸，至耻骨前缘出腹腔。髂外动脉分出旋髂深动脉、精索外动脉或子宫中动脉、股深动脉、腹壁后动脉和阴部外动脉等，分布于腰、腹及臀部肌肉和皮肤，雄性麋鹿的阴茎、阴囊、包皮，以及雌性麋鹿的子宫和乳房等。

旋髂深动脉 (*A. circumflexa ilium profunda*) 在骨盆前口上 1/3 处，由髂外动

脉起始部分出。主干沿腹壁内面向前延伸，分支分布于腹侧壁的肌肉与皮肤。

股深动脉（*A. profunda femoris*）很发达，在骨盆前口中 1/3 处，由髂外动脉向后分出。主干向前分出阴部腹壁动脉干后，延续为旋股内侧动脉。阴部腹壁动脉干主要分布于腹底壁的皮肤与肌肉，雄性麋鹿的阴茎、阴囊、包皮，以及雌性麋鹿的子宫和乳房等。旋股内侧动脉主要分布到股内侧肌群和股后侧肌群。

（2）股动脉（*A. femoralis*） 为髂外动脉的直接延续，在股薄肌深面向后肢远端延伸，分出股前动脉、股后动脉及分布到股内侧皮下的隐动脉（图 9-9）。股前动脉（*A. cranialis femoralis*）主要分布到股四头肌。股后动脉（*A. caudalis femoralis*）发出分支分布到股后肌群。隐动脉沿股部内侧皮下下行，分布于皮下。

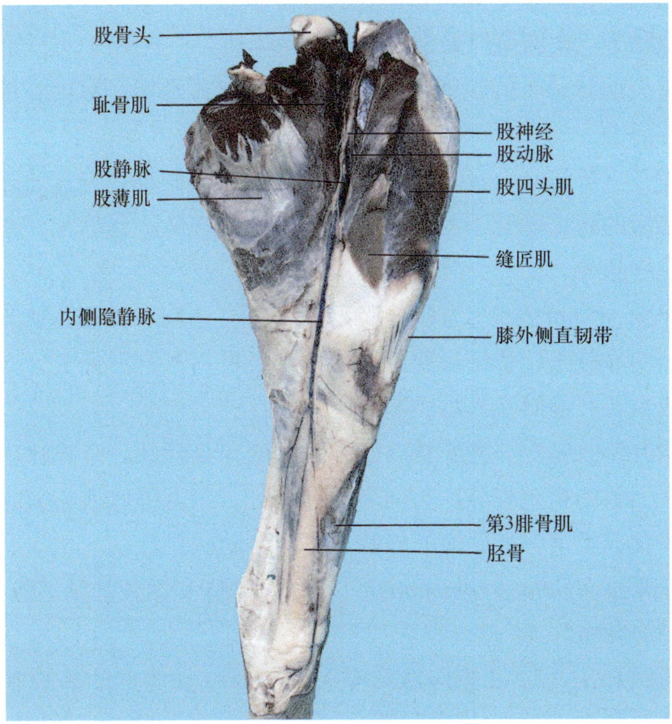

图 9-9 股内侧血管

（3）腘动脉（*A. poplitea*） 股动脉延续至膝关节后方的腘动脉，被腘肌覆盖。腘动脉在小腿近端分出胫后动脉，主干延续为胫前动脉。胫后动脉沿腘肌跖侧面下行，分布于小腿跖侧的肌肉。

（4）胫前动脉（*A. tibialis anterior*） 胫前动脉粗大，是腘动脉的延续。穿过小腿间隙，转到小腿部的前外侧，沿胫骨背外侧向下延伸，至跗关节处转为跖背侧动脉。

(5) 跖背侧动脉 (*A. metatarsea dorsalis*) 沿跖骨背侧面的正中向下延伸，至趾骨远端转为趾背侧总动脉，分支分布于后趾。

（二）体循环的静脉系

体循环静脉包括心静脉、前腔静脉、后腔静脉和奇静脉。

1. 心静脉 包括心大静脉、心中静脉及心小静脉，心脏的静脉血通过心大静脉、心中静脉和心小静脉注入右心房。

2. 前腔静脉 (*V. cava craninalis*) 前腔静脉是收集头、颈、前肢和部分胸壁血液的粗短静脉干。在胸前口处由左、右腋静脉和左、右颈内、外静脉汇合而成，位于气管和臂头动脉总干的腹侧，在心前纵隔内向后延伸，穿过心包，在主动脉右侧注入右心房。

3. 后腔静脉 (*V. cava caudalis*) 后腔静脉是收集腹部、骨盆部、尾部和后肢静脉血入右心房的粗大静脉干，其主要属支有：门静脉、肾静脉、卵巢静脉或睾丸静脉、髂总静脉等。

(1) 门静脉 (*V. portae*) 为引导脾、胰、胃、小肠和大肠（除直肠后段外）的静脉血入肝的静脉干，位于后腔静脉腹侧，经肝门入肝后反复分支至窦状隙，然后再汇集成数条肝静脉注入后腔静脉。

(2) 腹腔内其他属支 腰静脉、睾丸静脉或卵巢静脉、肾静脉和肝静脉。肾静脉为肾与肾上腺的粗短静脉，与同名动脉伴行。睾丸静脉或卵巢静脉是收集睾丸、附睾或卵巢、子宫等处血液的静脉，与同名动脉伴行。

(3) 髂总静脉 (*V. iliaca communis*) 由髂内静脉和髂外静脉汇成，收集后肢、骨盆及尾部的静脉血。

4. 奇静脉 (*V. azygos*) 奇静脉接受大部分胸壁和腹壁的静脉血，也接受支气管和食管的静脉血。

第三节　胎儿血液循环

麋鹿的胎儿在母体子宫内发育，胎儿在发育过程中所需要的全部营养物质和氧都是通过胎盘由母体供应的，其代谢产物也是通过胎盘由母体运走的。

一、心血管结构特点

1. 卵圆孔 胎儿心脏的房中隔上有一卵圆孔（*Foramen ovale*）（图 9-10），使左心房、右心房相通，但孔的左心房一侧有卵圆瓣，因此血液只能从右心房流向左心房。

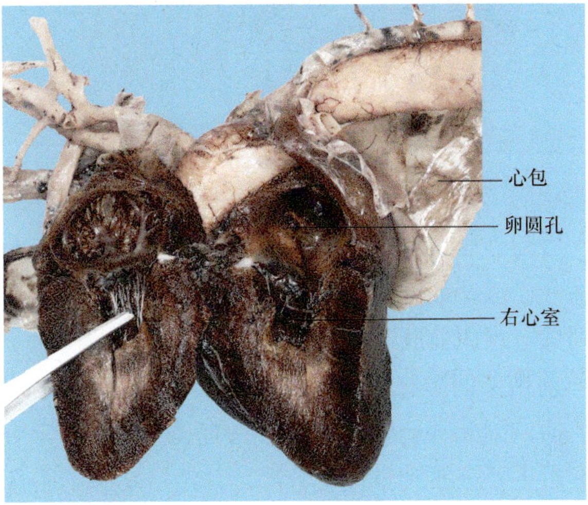

图 9-10 麋鹿的卵圆孔

2. 动脉导管 麋鹿胎儿的主动脉与肺动脉间有动脉导管（*Ductus arteriosus*）相通。因此，来自右心房的大部分血液由肺动脉通过动脉导管流入主动脉，仅有少量血液经肺动脉进入肺。

3. 脐血管 胎盘是胎儿与母体进行气体及物质交换的特有器官，借助脐带与胎儿相连。麋鹿的脐带内有两条脐动脉和两条脐静脉。

脐动脉由髂内动脉分出，沿膀胱侧韧带到膀胱顶，再沿腹腔底壁向前延伸至脐孔，进入脐带，经脐带到胎盘，分支形成毛细血管网；脐静脉由胎盘毛细血管汇集而成，经脐带由脐孔进入胎儿腹腔，沿肝的镰状韧带延伸，经肝门入肝（图 9-11）。

二、血液循环

胎盘内从母体吸收来的富有营养物质和氧的动脉血，经脐静脉进入胎儿肝，

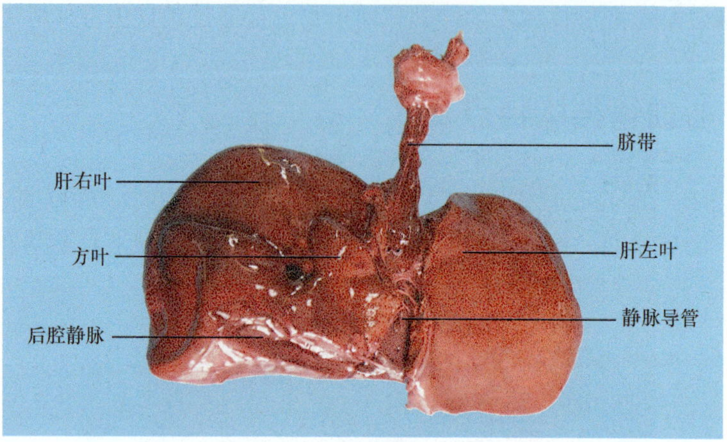

图 9-11 麋鹿胎儿脐血管

反复分支后汇入窦状隙（在此与来自门静脉、肝动脉的血液混合），最后汇合成数支肝静脉，注入后腔静脉，与来自胎儿身体后半部的静脉血混合后入右心房。进入右心房的大部分血液经卵圆孔到左心房，再经左心室到主动脉及其分支，这部分血液大部分到头、颈和前肢。

来自胎儿身体前半部的静脉血经前腔静脉入右心房到右心室，再入肺动脉。由于肺没有功能活动，因此肺动脉中的血液只有少量进入肺，大部分血液经动脉导管到主动脉，然后主要分布到身体后半部，并经脐动脉到胎盘。

由此可见，胎儿体内的血液大部分是混合血，但混合程度不同。到肝、头、颈和前肢的血液含氧和营养物质较多，以适应肝功能活动和胎儿头部发育较快的需要，而到肺、躯干和后肢的血液含氧和营养物质较少。

三、胎儿出生后的变化

胎儿出生后，脐带中断，胎盘循环停止，同时肺和胃肠道都开始了功能活动，血液循环随之发生改变。脐动脉和脐静脉闭锁，分别形成膀胱圆韧带和肝圆韧带，麋鹿的静脉导管成为静脉导管索；在出生后几天内，麋鹿的动脉导管闭锁，形成动脉导管索或称动脉韧带；卵圆孔闭锁形成卵圆窝，左心房、右心房完全分开，左心房内为动脉血，右心房内为静脉血。

第十章

免疫系统

免疫系统由淋巴管道和淋巴组织组成。淋巴组织可形成专门的淋巴器官（扁桃体、胸腺、脾和淋巴结），也可分散在内脏器官壁内。例如，存在于消化管壁内的淋巴小结、淋巴集结等。

第一节 淋巴管道

淋巴管道是运送淋巴（*Lymph*）到静脉去的一套管道系，包括毛细淋巴管、淋巴管、淋巴干和淋巴导管。

一、毛细淋巴管

毛细淋巴管（*Vas lymphocapillare*）以盲端起始于组织间隙，常常形成网状吻合。管壁仅由单层扁平上皮组成。

二、淋巴管

淋巴管（*Vas lymphatica*）由毛细淋巴管汇集而成。其管壁结构与小静脉类似，管壁上有大量瓣膜，以阻止淋巴逆流。淋巴管按其所在位置可分为浅层和深层淋巴管，浅层、深层淋巴管之间有吻合。

三、淋巴干

淋巴干（*Truncus lymphaticus*）是由麋鹿一个区域内浅层、深层淋巴管汇集而成的淋巴集合管，多与大血管伴行。其管径增粗，瓣膜很少或缺失，淋巴干主要有5条：左气管淋巴干、右气管淋巴干、左腰淋巴干、右腰淋巴干、单一的内脏淋巴干（*Truncus visceralis*）。

四、淋巴导管

淋巴导管（*Ductus lymphaticus*）是全身最大的淋巴集合管，由淋巴干汇集而成。淋巴导管有胸导管和右淋巴导管两条。

1. 胸导管（*Ductus thoracicus*） 是全身最大的淋巴管道，位于第13胸椎到第1胸椎椎体与胸主动脉之间。它是乳糜池（*Cisterna chyli*）向前的延续，经膈的主动脉裂孔入胸腔，沿胸主动脉的右上方、右奇静脉的右下方向前延伸，然后经过食管和气管的左侧向前下行，在胸前口处注入前腔静脉（图10-1）。胸导管在沿途收集胸上壁、胸侧壁、左侧胸下壁、左肺和心脏左半的淋巴，左侧气管淋巴干也注入胸导管末端。

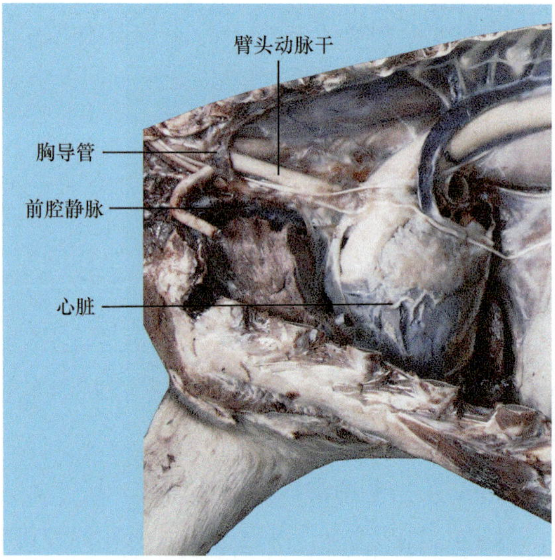

图10-1 麋鹿的胸导管（固定标本）

乳糜池是胸导管后端（起始部）的膨大部分，呈长梭形。它位于腹腔动脉和肠系膜前动脉相对应的腹主动脉背侧，左、右膈脚之间。左腰淋巴干、右腰淋巴干和腹腔淋巴干注入乳糜池。

2. 右淋巴导管（*Ductus lymphaticus dexter*） 短而粗，位于胸腔前口，是右

侧气管淋巴干的延续。它收集右侧头颈、右前肢及胸壁和胸腔器官右半侧的淋巴，末端注入前腔静脉。

第二节　淋巴中心和淋巴结

淋巴结（*Lymphonodus*）是大小不一的圆形或长椭圆形的小体。淋巴结亦有浅层和深层之分，多沿血管周围分布，并与淋巴管相连，进入淋巴结的淋巴管称为输入淋巴管，离开淋巴结的淋巴管称为输出淋巴管。

一个淋巴结或淋巴结群常位于麋鹿身体的同一个部位，并汇集几乎相同的淋巴，这个淋巴结或淋巴结群就是该区域的淋巴中心（*Lymphocentrum*）。麋鹿全身有 18 个淋巴中心，可分属 7 个部位，即头部、颈部、前肢、胸腔、腹腔、腹壁和骨盆壁、后肢。

一、头部淋巴中心和淋巴结

麋鹿的头部有 3 个淋巴中心，分别为下颌淋巴中心、腮腺淋巴中心和咽后淋巴中心。

1. 下颌淋巴中心（*Lc. mandibulare*）　即下颌淋巴结（*Lnn. mandibulares*），位于下颌间隙内、面血管切迹的后方，被胸下颌肌前部覆盖（图 10-2，图 10-3）。输入管收集面部、鼻前部、口腔、唾液腺的淋巴，输出管汇入咽后外侧淋巴结。该淋巴结是兽医卫生检验和临床诊断所要检查的重要淋巴结。

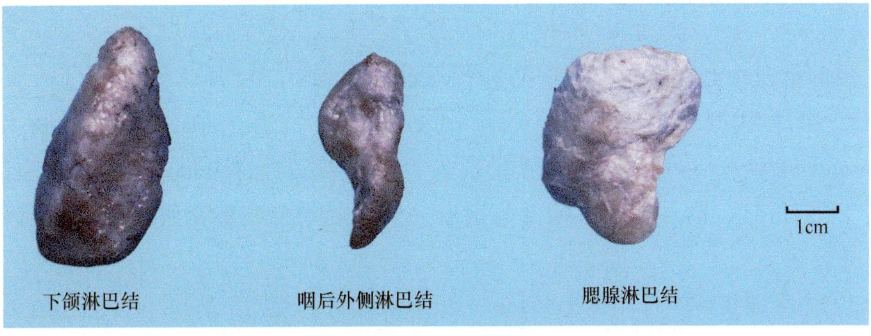

图 10-2　头部淋巴结（固定标本）

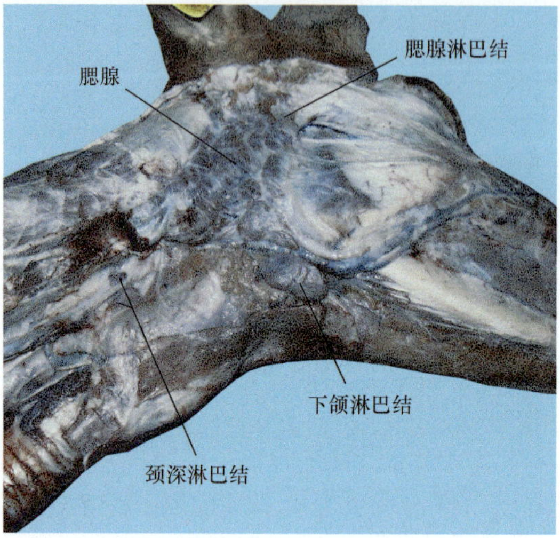

图 10-3　麋鹿头部淋巴结（固定标本）

2. 腮腺淋巴中心（*Lc. parotideum*）　为一群淋巴结，即腮腺淋巴结（*Lnn. parotidei*），较大，位于颞下颌关节的后下方，部分被腮腺覆盖（图 10-2，图 10-3）。输入管收集头部皮肤、肌肉、鼻腔下半部、唇、颊、外耳、眼部的淋巴，输出管注入咽后外侧淋巴结。

3. 咽后淋巴中心（*Lc. retropharyngeum*）　包括咽后内侧淋巴结（*Lnn. retropharyngei mediales*）和咽后外侧淋巴结（*Lnn. retropharyngei laterales*），咽后内侧淋巴结位于咽后背外侧；咽后外侧淋巴结位于寰椎翼腹侧、腮腺和下颌腺的深层。输入管收集口腔、咽、喉、唾液腺、鼻后部、鼻旁窦、下颌、外耳等处的淋巴，输出管汇入咽后外侧淋巴结和左、右气管淋巴干。

二、颈部淋巴中心和淋巴结

颈部淋巴中心有颈浅淋巴中心和颈深淋巴中心。

1. 颈浅淋巴中心（*Lc. cervicale superficiales*）　为一群颈浅淋巴结（*Lnn. cervicales superficiales*），位于肩关节前方、肩胛横突肌的深面。因此又称肩前淋巴结（图 10-4）。输入管收集颈部、前肢、胸壁的淋巴，输出管注入右气管淋巴干和胸导管。

2. 颈深淋巴中心（*Lc. cervicale profundum*）　包括颈深前淋巴结（*Lnn. cervicales profundi craniales*）、颈深中淋巴结（*Lnn. cervicales profundi medii*）和颈

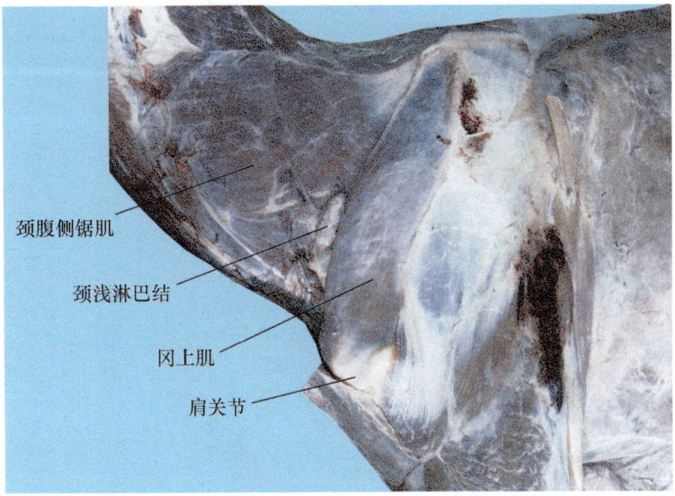

图 10-4　颈浅淋巴结（固定标本）

深后淋巴结（*Lnn. cervicales profundi caudales*），分别位于气管的前（甲状腺附近）、中、后段（胸前口处）两侧。输入淋巴管收集颈部肌肉、甲状腺、气管、食管、胸腺及肩臂部的淋巴，输出淋巴管注入气管淋巴干或胸导管。

三、前肢淋巴中心和淋巴结

麋鹿的前肢仅有一个腋淋巴中心（*Lc. axillare*），包括两群淋巴结，即腋固有淋巴结（*Lnn. axillares proprii*）和第一肋腋淋巴结（*Lnn. axillares primae costae*）。

腋固有淋巴结位于肩关节后方，大圆肌远端内侧（图 10-5）；而第一肋腋淋巴结位于第 1 肋骨前内侧、气管和食管两侧，胸深肌深面。输入淋巴管收集前肢、胸下壁和腹底壁前部皮肤的淋巴，输出淋巴管汇入右气管淋巴干、颈静脉或胸导管。

四、胸腔淋巴中心和淋巴结

麋鹿胸腔内有 4 个淋巴中心，分别为胸背侧淋巴中心、胸腹侧淋巴中心、纵隔淋巴中心和支气管淋巴中心。

1. 胸背侧淋巴中心（*Lc. thoracicum dorsale*） 包括胸主动脉淋巴结和肋间淋巴结。胸主动脉淋巴结位于胸主动脉背侧与胸椎椎体间；而肋间淋巴结位于各肋间

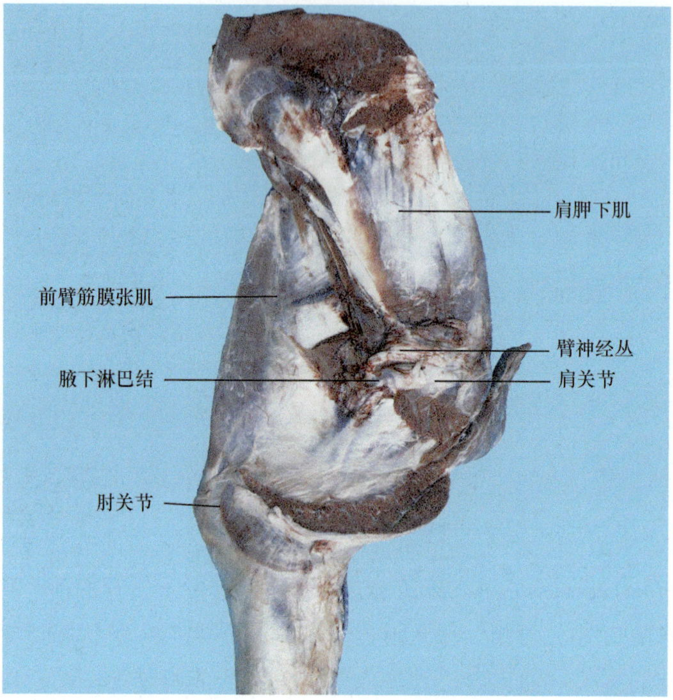

图 10-5　麋鹿腋固有淋巴结（固定标本）

隙近端的胸膜下。输入淋巴管收集胸壁、胸膜及纵隔等处的淋巴，输出淋巴管注入胸导管或纵隔淋巴结。

2. 胸腹侧淋巴中心（*Lc. thoracicum ventrale*）　包括胸骨前淋巴结（*Lnn. sternales craniales*）和胸骨后淋巴结（*Lnn. sternales caudales*），分别位于胸骨柄背侧和胸骨中后部背侧。输入淋巴管收集胸底壁、腹底壁、纵隔和胸膜等处的淋巴，输出淋巴管左侧注入胸导管，右侧注入右淋巴导管。

3. 纵隔淋巴中心（*Lc. mediastinale*）　有三群淋巴结，即纵隔前淋巴结（*Lnn. mediastinales craniales*）位于心前纵隔内，主动脉弓前方；纵隔中淋巴结（*Lnn. mediastinales medii*）位于主动脉弓的右侧；纵隔后淋巴结（*Lnn. mediastinales caudale*）位于心后纵隔内，主动脉弓后方。输入淋巴管收集食管、气管、胸腺、肺、心包、纵隔等处的淋巴，输出淋巴管注入胸导管、右气管淋巴干或右淋巴导管。

4. 支气管淋巴中心（*Lc. bronchale*）　有气管支气管前淋巴结（*Lnn. tracheobronchales craniales*）、气管支气管右淋巴结（*Lnn. tracheobronchales dextri*）、气管支气管左淋巴结（*Lnn. tracheobronchales sinistri*）和气管支气管中淋巴结（*Lnn. tracheobronchales medii*），分别位于气管支气管背侧与气管夹角、气管叉右侧、

气管叉左侧和气管叉间。输入淋巴管收集食管、支气管、心脏、肺的淋巴，输出管注入胸导管，或汇入纵隔前淋巴结。

五、腹腔内脏淋巴中心和淋巴结

麋鹿腹腔内脏淋巴中心有 3 个，分别是腹腔淋巴中心、肠系膜前淋巴中心和肠系膜后淋巴中心。

1. 腹腔淋巴中心（*Lc. celiacum*） 包括腹腔淋巴结（*Lnn. celiaci*）、胃淋巴结（*Lnn. gastrici*）、胰十二指肠淋巴结（*Lnn. pancreaticoduodenales*）、肝淋巴结（*Lnn. hepatici*）和脾淋巴结（*Lnn. lienales*）。

腹腔淋巴结位于腹腔动脉分出的胃左动脉、肝动脉和脾动脉的夹角内。输入淋巴管来自肝门淋巴结及胃淋巴结、脾淋巴结，输出淋巴管汇入肠淋巴干。

胃淋巴结数目多，分布于胃各室的血管沿途。麋鹿有 4 个胃，根据淋巴结分布位置不同，包括瘤胃右淋巴结、瘤胃左淋巴结、瘤胃前淋巴结、网胃淋巴结、瓣胃淋巴结、皱胃背侧淋巴结、皱胃腹侧淋巴结、瘤皱胃淋巴结和网皱胃淋巴结。各个淋巴结的输入淋巴管收集相应部位的淋巴，输出淋巴管汇合形成胃干，汇入腹腔干。

胰十二指肠淋巴结是十二指肠系膜内、胰右叶与十二指肠降部之间的数个淋巴结。输入淋巴管收集胰、十二指肠及附近的部分结肠等处的淋巴，输出淋巴管一般汇入肠淋巴干。

肝淋巴结位于后腔静脉入肝之前的腹侧面上。数条输入淋巴管收集肝、胰、十二指肠、皱胃等处的淋巴，输出淋巴管向后汇入腹腔淋巴干。

脾淋巴结位于瘤胃前囊与左膈脚间。输入淋巴管收集脾、胃、胰、网膜等处的淋巴，输出淋巴管汇入腹腔淋巴干。

2. 肠系膜前淋巴中心（*Lc. mesentericum craniale*） 有肠系膜前淋巴结（*Lnn. mesenterici craniales*），位于肠系膜前动脉起始处；空肠淋巴结（*Lnn. jejunales*），分布在空肠系膜内；盲肠淋巴结（*Lnn. cecales*），分布在回盲襞内，回肠与盲肠间；结肠淋巴结（*Lnn. colici*），位于结肠旋袢右侧总肠系膜上及旋袢系膜内。输入淋巴管收集空肠、盲肠和结肠的淋巴，输出淋巴管汇入肠淋巴干，与腹腔淋巴干汇成内脏淋巴干后注入乳糜池。

3. 肠系膜后淋巴中心（*Lc. mesentericum caudale*） 即肠系膜后淋巴结（*Lnn. nesenterici caudales*），分布于肠系膜后动脉起始处至分出结肠左动脉和直肠前动脉之间的系膜内。输入淋巴管收集降结肠、直肠前段等处的淋巴，输出淋巴管汇入髂内淋巴结或直接注入腰淋巴干。

六、腹壁和骨盆壁的淋巴中心和淋巴结

麋鹿的腹壁和骨盆壁有腰淋巴中心、荐髂淋巴中心、腹股沟浅淋巴中心和坐骨淋巴中心 4 个淋巴中心。

1. 腰淋巴中心（*Lc. lumbale*） 有腰主动脉淋巴结（*Lnn. lumbales aortici*）和肾淋巴结（*Lnn. renales*），分别位于腹主动脉和后腔静脉的经路上及肾门附近。输入淋巴管收集腰部肌肉、腹膜和泌尿生殖器官的淋巴，输出淋巴管汇入腰淋巴干或乳糜池。

2. 荐髂淋巴中心（*Lc. iliosacrale*） 有髂外侧淋巴结（*Lnn. iliaci laterales*）、髂内侧淋巴结（*Lnn. iliaci mediales*）和肛门直肠淋巴结（*Lnn. anorectales*）3 个，分别位于髂外动脉起始处、旋髂深动脉附近及直肠后部背侧（图 10-6）。输入淋巴管收集后肢、荐臀部、腹壁后部及直肠、肛门、会阴等处的淋巴，输出淋巴管汇入腰淋巴干。

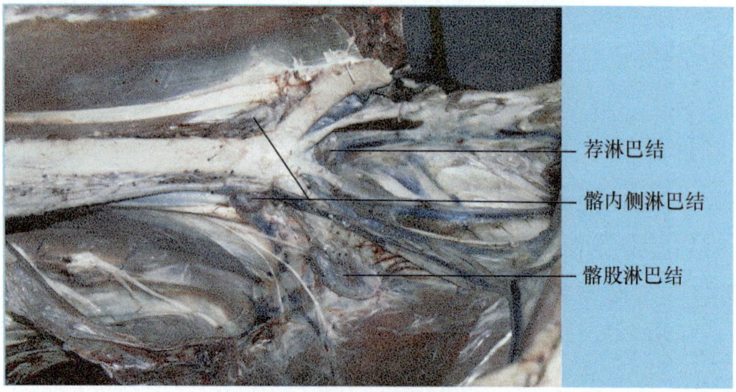

图 10-6 麋鹿的荐髂淋巴结（固定标本）

3. 腹股沟浅淋巴中心（*Lc. inguinofemorale*） 又称腹股沟股淋巴中心，主要包括腹股沟浅淋巴结（*Lnn. inguinales superficiales*）和髂下淋巴结（*Lnn. subiliaci*）。腹股沟浅淋巴结位于腹底壁皮下、大腿内侧、腹股沟环附近。雄性麋鹿的腹股沟浅淋巴结位于阴茎背侧、精索后上方，称为阴囊淋巴结（*Lnn. scrotales*）（图 10-7）；雌性麋鹿的腹股沟浅淋巴结位于乳房后上方，称为乳房淋巴结（*Lnn. mammarii*）。髂下淋巴结又称股前淋巴结，位于膝关节上方，一般可

见 1 个长条形和 2 个圆形即 3 个较大的淋巴结（图 10-8）。输入淋巴管收集腹壁、后肢、阴囊、乳房和外生殖器等处的淋巴，输出淋巴管注入髂内侧淋巴结。

图 10-7　麋鹿的腹股沟浅淋巴结（固定标本）

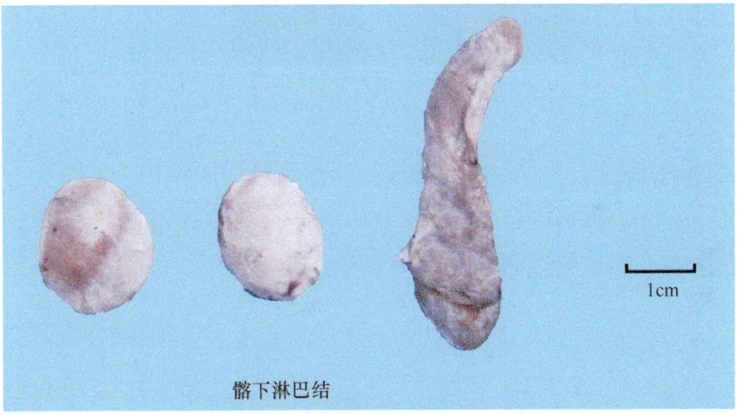

图 10-8　麋鹿的髂下淋巴结（固定标本）

4. 坐骨淋巴中心（*Lc. ischiadicum*） 有坐骨淋巴结（*Lnn. ischiadici*）、臀淋巴结（*Lnn. gluteus*）和坐骨结节淋巴结（*Lnn. ischiadici tuberali*），分别位于坐骨大孔、坐骨小孔和坐骨结节内侧附近。其输入淋巴管收集臀部、尾部和肛门等处的淋巴，输出淋巴管注入髂内侧淋巴结。

七、后肢淋巴中心和淋巴结

麋鹿的后肢淋巴中心有腘淋巴中心和髂股淋巴中心。

1. 腘淋巴中心（*Lc. popliteum*） 有一群腘淋巴结（*Lnn. popliteum profundum*），位于膝关节后方、臀股二头肌与半腱肌之间（图 10-9）。其输入淋巴管收集小腿以下的淋巴，输出淋巴管注入髂内侧淋巴结或坐骨淋巴结。

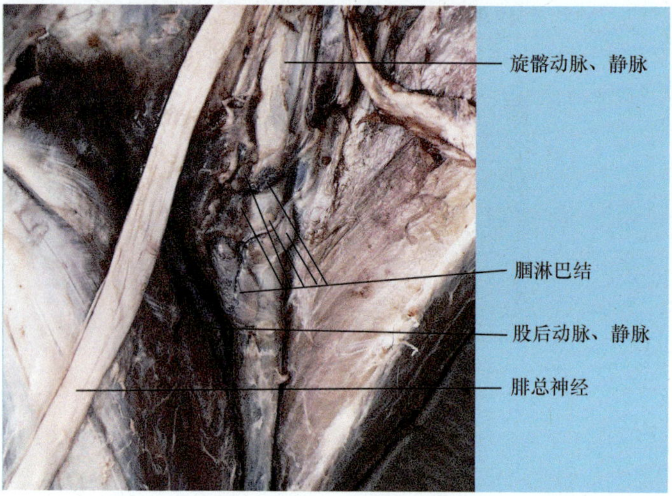

图 10-9 腘淋巴中心（固定标本）

2. 髂股淋巴中心（*Lc. iliofemorales*） 又称腹股沟深淋巴中心，主要有一群髂股淋巴结（*Lnn. iliofemorale*），位于髂骨体前方。其输入淋巴管收集后肢和腹壁等处的淋巴，输出淋巴管注入髂内侧淋巴结或腰淋巴干。

第三节 胸 腺

胸腺（*Thymus*）为红色的分叶状器官，质地柔软。未成年麋鹿的胸腺发达，分为颈叶和胸叶。左颈叶、右颈叶于胸前口处合并，经胸口与胸叶相连（图 10-10）；胸叶位于心前纵隔内。胸腺出生后继续发育，以后随年龄增长逐渐退化。

胸腺既是机体免疫活动的淋巴器官，产生淋巴细胞，又可分泌胸腺激素，促使原始淋巴细胞分化成 T 淋巴细胞，并促进 T 淋巴细胞成熟和提高其免疫能力。

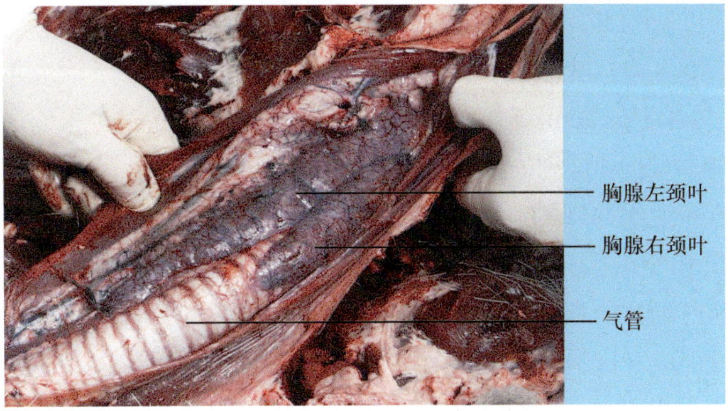

图 10-10 一周岁麋鹿的胸腺

第四节 脾

脾（*Lien*）是体内最大的淋巴器官（图 10-11）。脾呈扁平的椭圆形，位于左季肋区、瘤胃背囊的左前方，背侧端达最后肋的椎骨端及第 1 腰椎横突腹侧；腹侧端伸达第 8、第 9 肋的胸骨端稍上方（约一掌宽）。壁面略凸，与膈相对，脏

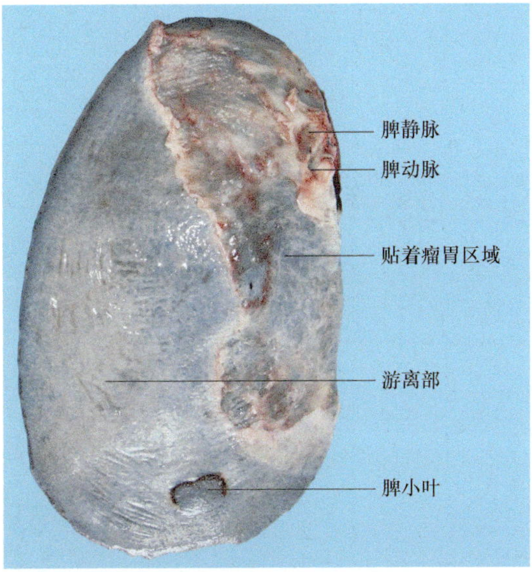

图 10-11 麋鹿的脾（固定标本）

面略凹，上部以腹膜和结缔组织与左膈脚及瘤胃背囊壁相连，下部游离。脏面的上 1/3 处有供脾动脉、脾静脉和神经、淋巴管进出的脾门。一般成年麋鹿的脾长 26 ～ 28cm，厚 1.5 ～ 2cm。

麋鹿的脾分一小叶，位于脾的脏面，靠近一端边缘，呈扁平的半圆耳状。小叶一面以结缔组织与脾的脏面连结，其色泽和硬度均与脾相同。

脾由间质和实质构成。间质包括表面的被膜和伸入实质的小梁，形成网状支架。实质由白髓和红髓组成。白髓为淋巴小结，色淡。红髓由脾窦及散在淋巴组织（脾索）构成，因脾窦内充满血液，故呈红色。

脾可产生淋巴细胞、巨噬细胞，参与机体的免疫反应，同时脾还具有贮血、滤血、破血等功能。

第五节　扁　桃　体

扁桃体 (*Tonsilla*) 位于舌、软腭和咽的黏膜下组织内，仅有输出管，注入附近的淋巴结，没有输入管。

第十一章

内分泌系统

内分泌腺是特殊类型的腺体，它没有排泄管道，其分泌的物质称为激素(hormone)，可直接进入血管或淋巴管，经循环系统运送至整个机体，以调节机体各器官和系统的机能（特别是对机体的新陈代谢、生长发育及机体内的酸碱平衡等进行调节），这种腺体被命名为内分泌腺。

麋鹿的内分泌腺有：垂体、甲状腺、甲状旁腺、肾上腺、松果体、性腺（在生殖系统一章中叙述）等。此外，尚有一些小腺体，没有形成独立的器官，而是分散在其他组织中，不在本章内叙述。

第一节　垂　　体

垂体(*Hypophysis*)是带柄的椭圆形小体，悬在丘脑下部第三脑室底的前下方，通过垂体柄将垂体连在灰结节上。垂体柄稍向后下方倾斜，垂体伸到蝶骨体的垂体窝中，骨性垂体窝较浅，垂体位于其中。根据垂体的发生、外形及内部结构可分为腺垂体(*Adenohypophysis*)和神经垂体(*Neurohypophysis*)两大部分（图 11-1)。

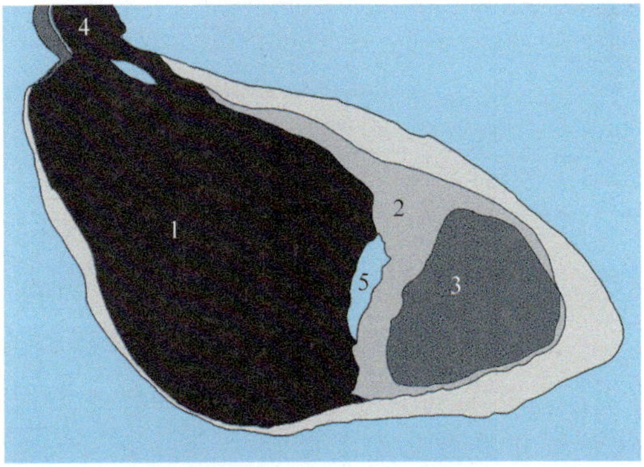

图 11-1　麋鹿垂体示意图

1. 腺垂体；2. 中间部；3. 神经垂体；4. 垂体柄；5. 垂体腔

第二节 甲 状 腺

甲状腺（*Glandula thyroidea*）是由一对甲状腺侧叶组成的内分泌腺体。位于喉后方颈部气管的两侧和腹侧面，前端达第1气管软骨环，后端一般至第4气管软骨环，个别可达第6气管软骨环，左侧叶多比右侧叶长些。表面覆盖有胸骨甲状肌和胸骨舌骨肌，外侧邻颈总动脉、颈内静脉。

甲状腺的形态为扁的长椭圆形，有左、右两个侧叶，有条状腺峡连结2个侧叶。甲状腺颜色为深棕红色。表面光滑，腺叶明显（图11-2）。

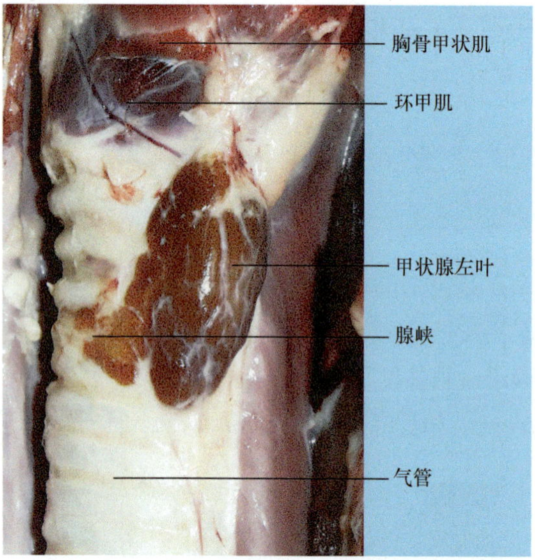

图11-2 麋鹿的甲状腺位置

甲状腺质地较硬，表面被膜为富含弹性纤维的结缔组织膜，被膜纤维组织伸入腺实质内，把腺实质分成许多小叶，肉眼可辨认小叶界限，小叶内含有大小不一的滤泡，滤泡主要由一层柱状上皮细胞组成。滤泡腔内胶体物质的主要成分是甲状腺素和甲状腺球蛋白。滤泡周围有丰富的毛细血管和淋巴管。

甲状腺的血液供应主要来自一对上甲状腺动脉和一对下甲状腺动脉。甲状腺受交感神经及副交感神经的支配。

第三节 甲状旁腺

甲状旁腺（*Glandula parathyroidea*）是扁的圆形或椭圆形小体，呈棕褐色，位于甲状腺侧叶周围或埋于腺实质内，与甲状腺血管有密切关系，可分为前、后甲状旁腺（图 11-3）。

麋鹿甲状旁腺的数目是 4 个。但有的标本肉眼观察不到 4 个，这可能是因为甲状旁腺位置多变，其中一般在甲状腺侧叶前部的背囊内或腺组织中找到甲状旁腺，也在气管周围的软组织中发现。甲状旁腺直径 3 ～ 5mm，厚 2 ～ 3mm。

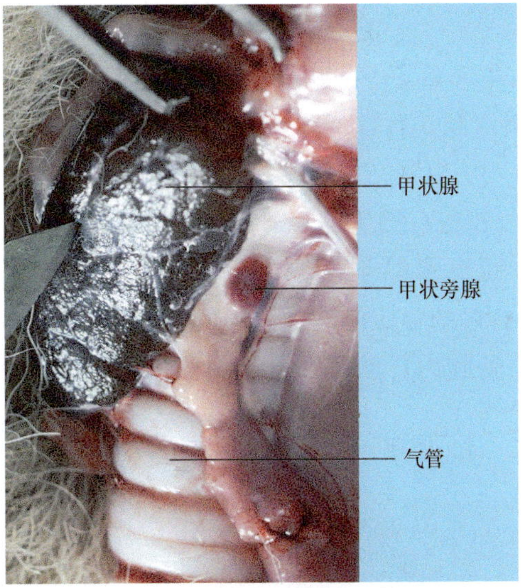

图 11-3　麋鹿的甲状腺和甲状旁腺

第四节 肾 上 腺

麋鹿的肾上腺（*Glandula suprarenalis*）左、右各一，位于腹膜背间隙、脊柱的两旁，表面光滑，颜色呈棕褐色（图 11-4）。右肾上腺位于右肾的前缘，左肾

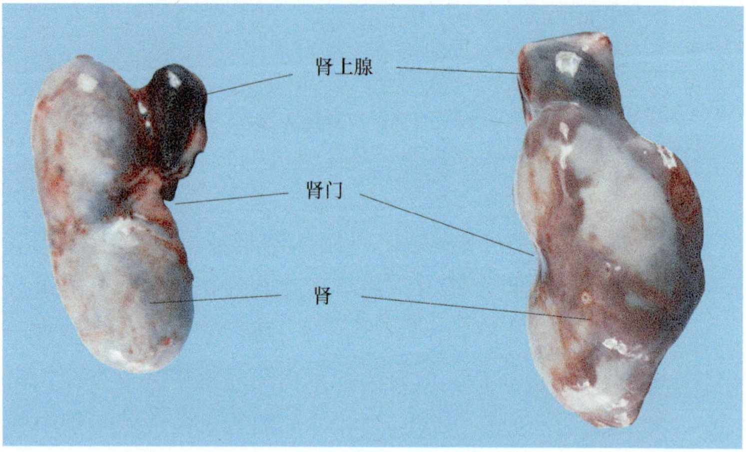

图 11-4 麋鹿的肾上腺与肾

上腺位于左肾门附近。

肾上腺长 4 ～ 6cm，宽 2 ～ 3cm，厚 1.1 ～ 1.4cm，重 4.8 ～ 10.7g。麋鹿的肾上腺比肾小 20 多倍，左、右肾上腺形状略有不同，大小几乎相等。

肾上腺表面覆盖一层致密结缔组织被膜。肾上腺实质分为皮质和髓质，皮质位于外周，较厚，呈红褐色；髓质位于中央，呈浅粉色，中心淡黄色（图 11-5）。

肾上腺的被膜：肾上腺本身的纤维组织膜紧贴肾上腺表面，其表面有薄的脂肪层，最外层是肾背侧和肾腹侧筋膜向前延续包绕形成的囊。

肾上腺的血管：动脉由肾动脉的分支肾上腺动脉供应。肾上腺静脉不与动

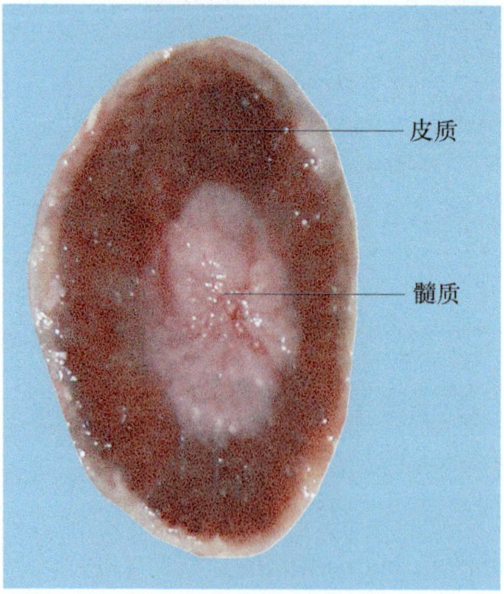

图 11-5 肾上腺横切面

脉伴行。肾上腺的神经来自腹腔神经丛（包括交感神经与副交感神经）。

第五节　松　果　体

麋鹿的松果体（*Corpus pineale*）位于间脑背侧中央，在大脑中半球的深部，以柄连于丘脑上部，呈长卵圆形，中空，长约 2cm，灰白色（图 11-6）。

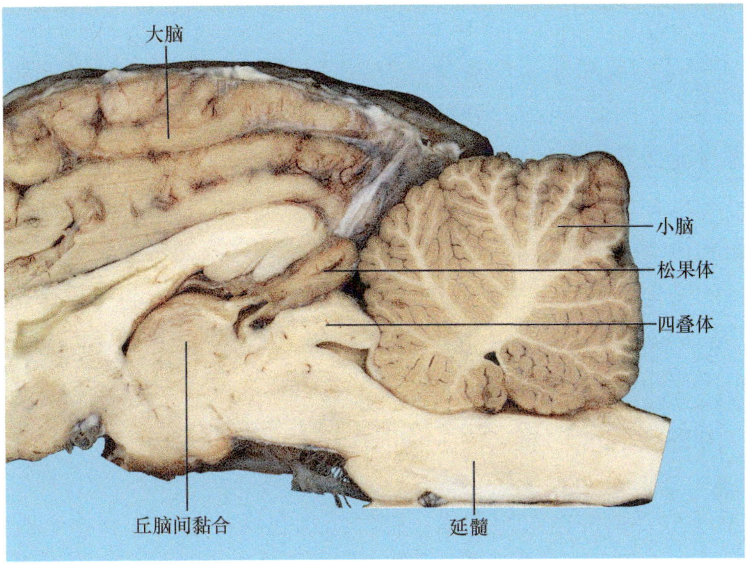

图 11-6　麋鹿的松果体（固定标本）

第十二章
神 经 系 统

第一节 概　　述

动物体的结构及功能非常复杂，为适应不断变化的外界环境，动物体各器官之间及与环境之间必须保持高度的平衡和协调，才能维持正常的生命活动。动物的神经系统能接受来自体内器官和外界环境的各种刺激，并将这些刺激信号转变为神经冲动进行传导，一方面通过调节机体各部分器官的生理活动，保持器官之间的平衡和协调；另一方面保证机体与外界环境之间的平衡和协调一致，以适应外界环境的变化。因此，神经系统在动物体的调节系统中起主导作用。麋鹿的神经系统（*Systema nervosum*）由脑、脊髓、神经节和分布于全身的神经组成。

一、神经系统的基本结构和活动方式

神经系统主要由神经组织构成。神经组织包括神经细胞和神经胶质细胞。神经细胞是一种高度分化的细胞，它是神经系统最基本的结构和功能单位，又称神经元（*Neuron*）。

（一）神经元的结构

神经元由胞体和突起组成，其形态多种多样，大小不一。

1. 胞体　又称核周体（perikaryon），位于脑和脊髓灰质及周围神经的神经节内，是神经元的营养和代谢中心、信息整合中心、神经递质合成中心。胞体由细胞核、细胞质和细胞膜组成。大多数神经细胞只有一个细胞核，呈圆形，通常位于胞体的中央，个别位于胞体的一侧。神经元细胞核的特点为核膜清晰、核质染色浅、核仁大。细胞质中除含有一般的细胞器外，尼氏体（Nissl bodies）和神经

原纤维（*Neurofibril*）特别发达。尼氏体是由粗面内质网形成的团块状物质，在碱性苯胺颜料染色的标本上呈深蓝色。尼氏体一般环绕细胞核分布。神经原纤维呈细丝状，在胞体内通常交织成网，在电镜下神经原纤维由许多微管和微丝组成。神经元细胞膜与其他细胞的细胞膜结构相似。胞体的形态和大小有很大差异。一般而言，执行相似功能的神经元，其形态常彼此相似。不同部位的神经元由于机能不同，形态也有很大差别。神经元的胞体一般有圆形、梭形、星形、锥形和多角形等多种形态，大小一般为 4 ～ 150μm。

2. 突起 由胞体发出，根据其形态和功能不同，可分为树突和轴突两种。树突（dendrites）为从胞体发出的树状突起，有一个至多个，自胞体发出后可以反复分支，逐渐变细而终止。树突表面不光滑，小分支上有大量多种形态的细小突起，称为树突棘。除个别神经元外，所有神经元都有一条细长、均匀、表面光滑的轴突（axon）。

（二）神经元的分类

神经元在神经系统的不同部位，其形态千姿百态，生理功能各不相同，分类方式有多种。

(1) 根据神经元突起的多少分为三类：多极神经元，有一条轴突和多条树突，这种类型的神经元分布最广；双极神经元，有一条轴突和一条树突，分布于感觉器官中的感觉神经元；假单极神经元，有一条突起但很短，随之呈“丁”字形分为一条中枢突和一条外周突，其中中枢突相当于中枢神经，外周突相当于外周感受器，此类神经元分布于脑和脊神经节中。

(2) 根据神经元功能和神经传导冲动方向分为三类：感觉神经元，将体内、体外的各种刺激由周围传向中枢神经，故又称传入神经元，其胞体位于脑、脊神经节内，属于假单极神经元或双极神经元；运动神经元，将中枢的冲动传向骨骼肌、心肌、平滑肌或腺体，故又称传出神经元，其胞体位于脑和脊髓内，属于多极神经元；联络神经元，位于感觉神经元和运动神经元之间，起联络作用，故又称中间神经元，见于脑或脊髓中，属于多极神经元。

（三）神经胶质细胞

神经胶质细胞是构成神经组织的另一类细胞，其功能是支持、营养、保护、修复神经细胞和参与形成髓鞘，而无传导冲动能力。神经胶质细胞内无尼氏体和神经原纤维，细胞核染色深。根据形态和分布的差异，神经胶质细胞可分为星形胶质细胞、小胶质细胞、少突胶质细胞、室管膜细胞、施万细胞和卫星细胞。

（四）神经纤维

神经纤维由神经元的突起（主要为轴突）和包在外面的髓鞘、神经膜组成。参与组成的中枢神经系统内神经纤维的神经胶质细胞为少突胶质细胞，而在外周神经系统内则为施万细胞。神经纤维根据髓鞘的有无可分为有髓鞘的有髓神经纤维（myelinated nerve fiber）和无髓鞘的无髓神经纤维（nonmyelinated nerve fiber）。髓鞘是由包绕在神经元突起外面神经胶质细胞的细胞膜构成的，呈圆筒状。不同神经纤维的髓鞘厚度不一。髓鞘是分节的，每节髓鞘称为一个结节体。

（五）突触

在神经反射中，在感觉神经元和运动神经元之间至少有一个中间神经元参与。由此可见，所有的反射环路都是神经元组成的链，都需要神经元间相互联系。神经元之间相互接触并发生功能联系的部位，称为突触（synapse）。根据突触传导信息的方式，突触可分为三类：化学突触由突触前膜、突触间隙、突触后膜组成，其冲动传递需借助于神经递质的作用，是单方向的；电突触的冲动传递不需要神经递质，可双向传导；还有一些突触同时是化学突触和电突触的混合突触。机体内常见的突触类型是化学突触。

（六）神经末梢

神经纤维的末端在动物体各组织或器官内形成的特殊装置，称为神经末梢，根据其功能的不同可分为感觉神经末梢和运动神经末梢两类。

感觉神经末梢可分为游离神经末梢和被膜神经末梢。前者分布于体表、浆膜和黏膜，可接受痛、温、触觉等刺激；后者分为触觉小体、环层小体、肌梭、腱梭等，可接受压觉、触觉和本体感觉。感觉神经末梢连同其特殊装置一起称为感受器。

运动神经末梢是运动神经末梢分支分布到骨骼肌、心肌、平滑肌或腺体的神经终末，可引起骨骼肌、心肌和平滑肌的收缩及腺体的分泌，故称为效应器。

二、神经系统的组成

神经系统由位于颅腔、椎管中的脑和脊髓，以及与脑和脊髓相连并分布于全身各处的周围神经组成。神经系统在形态结构和生理功能方面都是完整不可分割的整体，按照其结构和机能可分为中枢神经系统（*Systema nervosum centrale*）和周围神经系统（*Systema nervosum periphericum*）。中枢神经系统包括脑和脊髓。周围神经系统是指脑和脊髓以外的神经成分，一端与脑或脊髓相连，另一端通过各种末梢装置与全身各器官、系统相关联。周围神经系统包括脑神经、脊神经和内脏神经，脑神经与脑相连，脊神经与脊髓相连，内脏神经借脑神经、脊神经与脑、脊髓相连。内脏神经为分布于内脏、血管平滑肌、心肌及腺体的神经，又称植物性神经或自主神经。植物性神经又分为交感神经和副交感神经。在周围神经系统中分布于骨、关节、骨骼肌、皮肤的神经，称为躯体神经。

第二节 中枢神经系统

中枢神经系统包括脑和脊髓，脑位于颅腔内，脊髓位于椎管内，二者之间无明显的分界线，一般认为枕骨大孔处椎体交叉的最下端为二者的分界。脑和脊髓在外观上呈两侧对称，均由胚胎期的神经管发育而成。脑和脊髓起着协调各种刺激以达到全身活动平衡的作用。

一、脊髓

脊髓（*Medulla spinalis*）是中枢神经系统内的低级部分，能直接完成一些低级的反射。脊髓发出的脊神经是躯干和四肢的初级反射中枢，内含许多上行、下行传导束，与脑有着广泛联系，是脑和躯干相联系的中继站。一方面，来自外周的各种信息经处理后通过上行的传导径路传递至脑；另一方面，脑的冲动可通过脊髓内下行的传导径路传递至运动神经元，并经后者传递到外周，引起外周的各种活动。

（一）脊髓的外形

脊髓位于椎管内，呈背、腹略扁的圆柱形，前端在枕骨大孔处与延髓相连，向后延伸至荐部。依据与脊椎的对应关系分为颈部、胸部、腰部、荐部和尾部。脊髓上有四肢神经的发出部位。脊髓全长粗细不一，有两处膨大，在颈髓后部和胸髓前部的称为颈膨大（*Intumescentia cervicalis*），它发出脊神经参与形成前肢的臂神经丛；位于腰髓和荐髓间的称为腰膨大（*Intumescentia lumbalis*），它发出脊神经参与形成后肢的腰荐神经丛。腰膨大之后脊髓逐渐变细呈圆锥状，称为脊髓圆锥（*Conus medullaris*）。从脊髓圆锥向后伸出的细丝称为终丝（*Filum terminale*）。在发育过程中，由于脊髓比脊柱生长得慢，脊髓逐渐短于椎管，即所谓的脊髓缩短，由此荐神经根和尾神经根斜向后外侧，在椎管内向后延伸一段距离才走出其相应的椎间孔。因此，在脊髓圆锥和终丝的周围有排列较长的荐神经和尾神经，整个结构呈马尾状，称为马尾（*Cauda equina*）（图 12-1）。

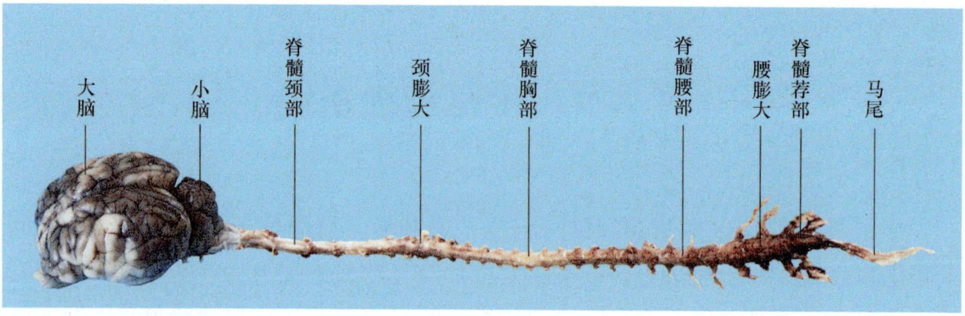

图 12-1　麋鹿的中枢神经系统（固定标本）

剥除脊膜，在脊髓的表面有几条纵沟。脊髓背侧正中有一条纵向的浅沟，称为背正中沟。脊髓腹侧正中有一纵向的深沟，称为腹正中裂。这两条沟、裂将脊髓分为大致相等的左、右两半。背正中沟的左、右侧各有一条浅的背外侧沟，脊神经背侧根经此沟进入脊髓；腹正中裂两侧各有一条浅的腹外侧沟，是脊神经腹侧根发出的部位。

脊髓由胚胎时期神经管的后部发育而成，仍保持节段性，以脊神经根作为外表标志分为若干节段。每一节段的脊髓均接受来自脊神经的感受神经纤维，也发出运动神经纤维，分别形成背侧根和腹侧根。背侧根较长，是感觉性的，由脊神经节内感觉神经元的中枢突组成，它的根丝分散成扇形进入脊髓的背外侧沟。

背侧根的外侧有脊神经节，是感觉神经元胞体聚集的部位。腹侧根是运动性的，由脊髓腹侧柱内运动神经元的轴突构成，其根丝亦呈扇形出腹外侧沟。背侧根和腹侧根在椎间孔附近合并成脊神经，经椎间孔出椎管。

（二）脊髓的内部结构

在脊髓的横断面上，可见脊髓中央为灰质，周围为白质，灰质中央有细长纵走的中央管（*Canalis centralis*）（图 12-2）。中央管纵贯脊髓全长，向前通脑室，内含脑脊液。

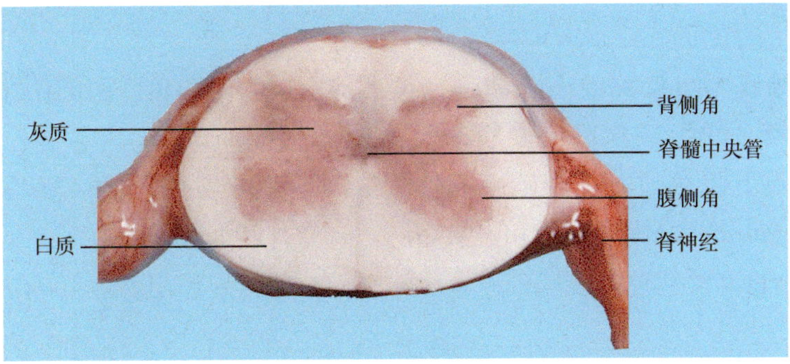

图 12-2 麋鹿脊髓的横断面（颈段）

1. 灰质 脊髓横断面灰质呈蝶翼形，灰质由大量神经元胞体、树突及神经胶质细胞构成。其背侧的突起为背侧角，腹侧的突起为腹侧角（图 12-2）。在脊髓的胸段和腰段腹侧柱基部有一个不明显的隆起称为外侧角。背侧角、腹侧角和外侧角在脊髓内前后连成柱状，因此，又分别被称为背侧柱（*Columna dorsalis*）、腹侧柱（*Columna ventralis*）和外侧柱（*Columna lateralis*）。在中央管背侧和腹侧连结左右侧的灰质称为灰质联合（*Commissure grisea*）。

2. 白质 白质呈亮白色，位于灰质周围，被灰质柱分为左、右对称的三对索。背侧索（*Funiculus dorsalis*）为背侧正中沟与背外柱之间的白质；外侧索（*Funiculus lateralis*）为背侧柱与腹侧柱外侧的白质；腹侧索（*Funiculus ventralis*）为腹侧柱至腹正中裂之间的白质。白质主要是由神经纤维构成的神经束，为脊髓上、下传导冲动的传导径路。脊髓白质的神经束可分为脑和脊髓之间长距离的上行（感觉性）、下行（运动性）传导束和脊髓内短距离联络性的固有束（*Fasciculus proprius*）。

（三）脊膜

脊髓外面包裹的三层结缔组织膜称为脊膜（*Meninges spinalis*），由内向外依次为脊软膜、脊蛛网膜和脊硬膜。

1. 脊软膜（*Pia mater spinalis*） 薄，内含丰富的血管和神经纤维，紧贴在脊髓表面，并突入至背正中沟和腹正中裂。

2. 脊蛛网膜（*Arachnoidea spinalis*） 薄而透明，发出很多蛛网膜小梁与软膜相连。蛛网膜与软膜之间形成相当大的腔隙，称为蛛网膜下腔（*Cavum subarachnoidale*）。该腔向前与脑蛛网膜下腔相通，内含脑脊液，以营养脊髓。

3. 脊硬膜（*Dura mater spinalis*） 麋鹿的脊硬膜是白色致密的结缔组织膜，与脊蛛网膜之间形成狭窄的硬膜下腔（*Cavum subdurale*），内含淋巴液，向前方与脑硬膜下腔相通。在脊硬膜与椎管之间有一较宽的腔隙，称为硬膜外腔（*Cavum epidurale*），内含静脉和大量脂肪，有脊神经通过。在临床上做硬膜外麻醉时，就是将麻醉药注入硬膜外腔，阻滞脊神经的传导作用。

（四）脊髓的血管

脊髓的营养主要来自脑脊液。脊髓腹侧动脉位于腹正中裂的脊软膜中。脊髓的静脉有两条，位于脊柱背侧纵韧带的两侧，两条静脉间有很多交通支。

二、脑

脑（*Encephalon*）位于颅腔内，由胚胎时期神经管的前部发育而成，是神经系统的高级中枢。脑可分为大脑、小脑、间脑、中脑、脑桥和延髓6部分。通常将延髓、脑桥和中脑、间脑合称为脑干。大脑在前，脑干位于大脑和脊髓之间，小脑位于脑干的背侧。大脑和小脑之间由一大脑横裂分开（图 12-3）。

（一）脑干

脑干由后向前依次分为延髓、脑桥、中脑和间脑，是脊髓向前的直接延续。

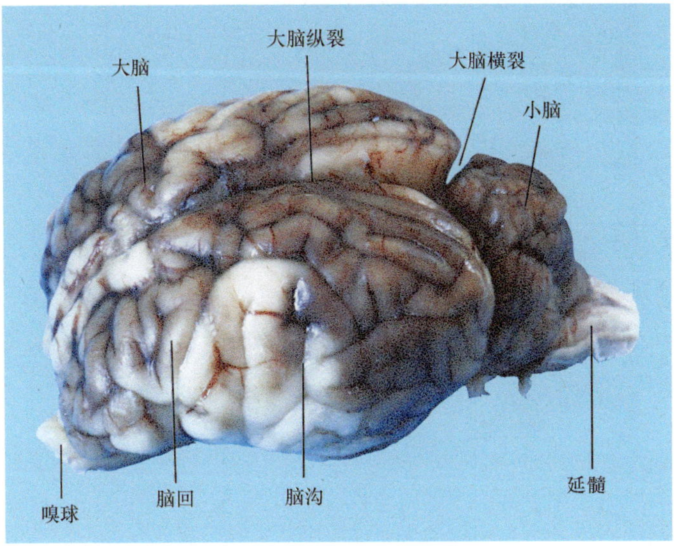

图 12-3 脑外观（固定标本）

脑干从前向后依次发出第 3 ～ 12 对脑神经，大脑、小脑、脊髓之间要通过脑干进行联系。此外，脑干还有许多与生命有关的重要中枢。

1. 延髓（*Medulla oblongata*） 延髓为脑干的后段，其后端在枕骨大孔处接脊髓，前端连脑桥；腹侧部位于枕骨基底部上，背侧部大部分被小脑所遮盖（图 12-3 ～图 12-5）。

延髓呈前宽后窄、背腹略扁的四边形。脊髓的裂沟都延伸至延髓表面。在

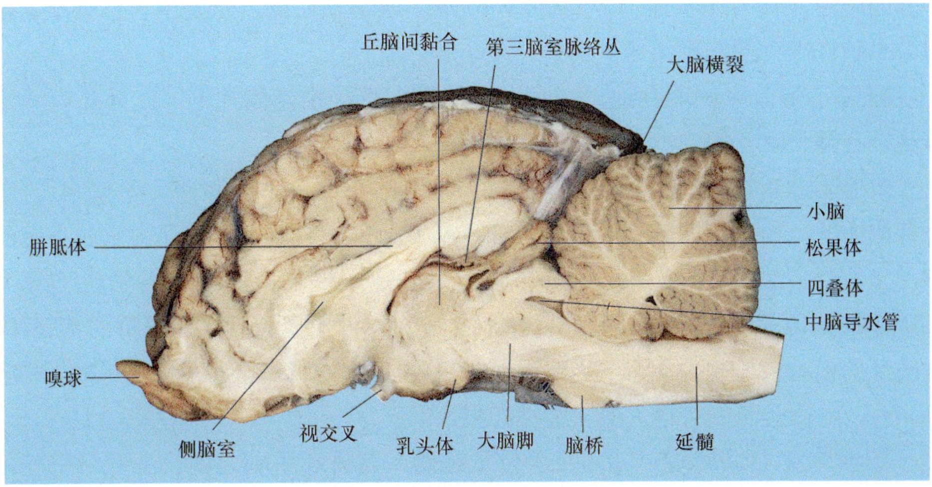

图 12-4 脑矢状纵切面（固定标本）

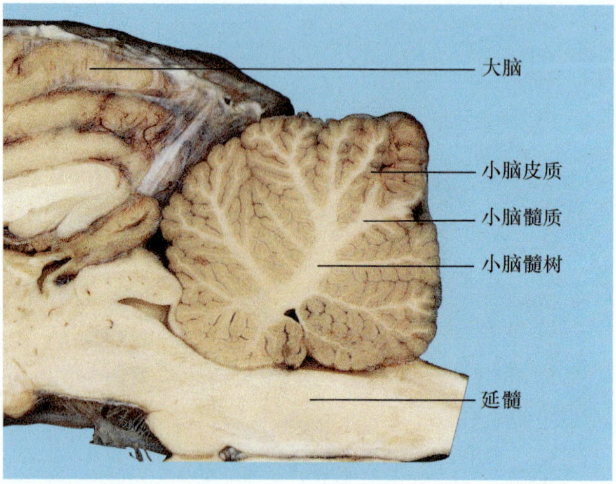

图 12-5　麋鹿的小脑矢状切面（固定标本）

延髓腹侧面有腹正中裂，裂的两侧各有一条纵行的隆起，称为延髓锥体（*Pyramis medulla oblongata*），内含大脑皮质发出的运动纤维束（锥体束）。锥体束在延髓后端向背内侧越过中线交叉至对侧，形成椎体交叉（*Decussatio pyramidum*）。在延髓前端、椎体的两侧有横向隆起，称为斜方体（*Corpus trapezoideum*），由耳蜗神经核发出并走向对侧的神经纤维构成。从背侧看，延髓分前、后两部分，后部形态与脊髓相似，称为延髓的闭合部；前部中央管开放，形成第四脑室底的后部，称为延髓的开放部。闭合部的背侧中线有背正中沟，沟的外侧分别是薄束、楔束，薄束和楔束的前端稍膨大，分别形成薄束结节和楔束结节。开放部的两侧为走向小脑的隆凸，称为绳状体（*Corpus restiforme*）或小脑后脚，主要由来自脊髓、延髓与小脑纤维束的纤维组成，向前连于小脑。

延髓是生命中枢所在地，呼吸、心跳等均直接由延髓控制，此外还有唾液分泌、吞咽、呕吐等中枢。

2. 脑桥（*Pons*） 脑桥位于延髓前端、中脑后方、小脑腹侧（图 12-4）。脑桥背侧面凹，构成第四脑室底壁的前部，脑室前外侧有联系小脑和中脑的小脑前脚，又称结合臂（*Brachium conjunctivum*）；脑室顶壁的薄膜称为前髓帆（*Velum medullare rostrale*）。脑桥腹侧有发达的横行纤维，呈横行隆起，为脑桥的基底部。基底部的横行纤维自两侧向背连于小脑，形成小脑中脚，又称脑桥臂（*Brachium pontis*）。脑桥的两侧有粗大的三叉神经根。

第四脑室（*Ventriculus quartus*）位于延髓、脑桥和小脑之间，呈菱形空腔，前通中脑水管，后通脊髓的中央管，充满脑脊液。第四脑室的顶壁自前向后依次为前髓帆、小脑、后髓帆和第四脑室脉络丛。第四脑室底由延髓和脑桥背侧面组成，外观呈菱形，亦称菱形窝（*Fossa rhomboidea*）。菱形窝被正中沟分为左、右两半。

3. 中脑（*Mesencephalon*） 位于脑桥和间脑之间，其脑室是中脑水管，前通第三脑室，后通第四脑室。中脑水管（*Aqueductus mesencephali*）将中脑分为背侧的四叠体和腹侧的大脑脚（图 12-4）。

(1) 四叠体（*Corpus quadrigemina*） 又称顶盖（*Tectum*）（图 12-4），由前、后两对圆丘组成。其中位于前方的一对较大为前丘（*Colliculus rostralis*），后方的一对较小为后丘（*Colliculus caudalis*）。前丘、后丘之间有横沟相隔，左、右两丘之间有正中沟。前丘较大，是光反射的联络站。后丘是声反射的联络站，其表面是白质，深部为灰质的后丘核，主要接受耳蜗神经核的纤维。后丘与结合臂交界处有脑神经根（滑车神经）。

(2) 大脑脚（*Crura cerebralis*） 为中脑腹侧面两条粗大的纵行隆起（图 12-4）。左、右侧大脑脚形成"V"字形，大脑脚之间的凹窝称为脚间窝。大脑脚底为白质，主要由大脑皮质至脑桥、延髓和脊髓的运动束组成。大脑脚的腹内侧缘有第 3 对脑神经根（动眼神经）。

4. 间脑（*Diencephalon*） 位于中脑的前方，前外侧接大脑半球的基底核，被大脑半球所遮盖；腹侧的前端为视交叉，后端为乳头体的后缘，内有第三脑室。间脑一般划分为上丘脑、丘脑、后丘脑和下丘脑。

(1) 丘脑（*Thalamus*） 在间脑背侧，占间脑的最大部分，为一对卵圆形的灰质团块，其前端较窄，后端较宽。左、右两丘脑的内侧部有灰质相连，断面呈圆形，称为丘脑间黏合（*Adhesio interthalamica*）（图 12-4）。丘脑周围的环状裂隙为第三脑室，其内侧面形成第三脑室侧壁的背侧。

(2) 上丘脑（*Epithalamus*） 位于间脑后背侧的中央区域，包括松果体、丘脑髓纹、缰三角和第三脑室顶等。丘脑是皮质下的主要感觉中枢。松果体（*Corpus pinealis*）呈卵圆形，位于中脑顶盖正中沟的前端与第三脑室顶部的后端之间（图 12-4），因富含血管故颜色灰红，属于内分泌腺。缰三角（*Trigonum habenularis*）位于第三脑室顶壁后端的两侧，呈三角形的灰质隆起，左、右侧缰三角间由缰连合相连。丘脑髓纹（*Stria medullaris*）是一个复杂的纤维束，位于左、右间脑背内侧缘的纤维束，向后止于缰三角。第三脑室顶位于左、右丘脑髓纹之间，由脉络丛构成。

(3) 后丘脑（*Metathalamus*） 位于丘脑后部的背外侧，由两个小丘状的内侧膝状体和外侧膝状体组成，其内的神经核主要为特异性感觉的中继核。外侧膝状体（*Corpus geniculatum laterale*）较大，位于前丘前外侧，经前丘臂与前丘相连，为视觉皮质下中枢。内侧膝状体（*Corpus geniculatum mediale*）较小，位于外侧膝状体的后下方，后端经后丘臂与后丘相连，是听觉皮质下中枢。

(4) 下丘脑（*Hypothalamus*） 又称丘脑下部，位于间脑的腹侧，是视交叉、视束和左、右大脑脚之间的区域，内侧面构成第三脑室的底壁。从脑底面看，自前向后可将下丘脑分为视前部、视上部、灰结节部和乳头体部等4部分。下丘脑是植物性神经和调控内分泌的重要中枢，管理内脏活动，如参与调节摄食、水平衡、生殖、免疫、体温、内分泌活动和情绪反应，影响睡眠和生物钟等。

下丘脑的腹侧面有视交叉、视束、灰结节、漏斗、垂体和乳头体。视交叉由左、右视神经交叉形成，后外侧连视束（图12-4）；视交叉的前方为视前部；视上核在视束的背侧；灰结节部位于视束与乳头体之间，其正中腹侧向下突出形成漏斗，有垂体柄与垂体相连（垂体是内分泌腺）；乳头体呈小球形，位于脚间窝中，在灰结节的后方。第三脑室在下丘脑的背侧正中，与漏斗和垂体柄相连。

(5) 第三脑室（*Ventriculus tertius*） 位于间脑内围绕丘脑间黏合部的环形腔。第三脑室后通中脑水管，前方经一对室间孔通侧脑室；腹侧形成凹陷伸入漏斗；顶壁为第三脑室脉络丛，向前经室间孔与侧脑室脉络丛相接。

（二）小脑

小脑（*Cerebellum*）略呈球形，位于大脑后方，在延髓和脑桥的背侧（图12-1，图12-3～图12-5）。小脑的背面有两条平行的浅沟，将小脑表面分隔成两侧的小脑半球和中央的蚓部。小脑的表面有许多平行的横沟，将小脑分成许多小叶。小脑腹面的两侧部有小脑脚。

蚓部（*Vermis*）呈圆嵴状，比小脑半球高，由一系列的小叶组成，最后一小叶称为小结，向两侧伸入小脑半球腹侧，与小脑半球的绒球合称绒球小结叶。小脑半球（*Hemispherium cerebelli*）位于蚓部两侧，其中位于小脑半球腹侧、小脑脚外侧和后方的部分称为绒球（*Flocculus*）。

小脑的表面为灰质，称为小脑灰质，是小脑的皮质；深部为白质，称为小脑髓质（图12-5）。髓质呈树枝状伸入小脑各叶，形成髓树（*Arbor medullaris*）（图12-5）。在髓质内还有3对灰质核团，在外侧的称为小脑外侧核，中间的称为小脑中位核，内侧正中的为顶核。髓质连小脑脚。小脑脚由小脑后脚、小脑中脚及小脑前脚构成，分别与延髓、脑桥和中脑相连。

（三）大脑

大脑（*Cerebrum*）或称端脑（*Telencephalon*），位于脑干前背部，后端以大脑横裂将大脑半球与小脑分开，背侧正中的大脑纵裂将大脑分为左、右大脑半球（*Hemispherium cerebri*），纵裂的底是连结两侧大脑半球的胼胝体（*Corpus callosum*）（图 12-4）。每个大脑半球包括大脑皮层、白质、嗅脑和基底核。大脑半球内的腔室为侧脑室（图 12-4）。

1. 大脑半球的外形 大脑表层被覆一层灰质，称为大脑皮层（*Cortex cerebri*），其表面凹凸不平，凸起处为脑回，脑回之间的凹陷处为脑沟（图 12-3）。

(1) 背外侧面 背外侧面的皮质为新皮质，每一大脑半球根据功能的差异可分为 4 叶。前部为额叶，是运动区；后部为枕叶，是视觉区；外侧部为颞叶，是听觉区；中部为顶叶，是一般感觉区。

(2) 内侧面 位于大脑纵裂内，与对侧半球的内侧面相对应。内侧面上有位于胼胝体背侧并环绕胼胝体的扣带回。

(3) 腹侧面 为构成嗅脑的各组成部分，是大脑半球中接受与整合嗅觉冲动的皮质部分，包括嗅球、嗅束、嗅回、嗅三角、梨状叶、海马和齿状回等部分。

嗅球（*Bulbus olfactorius*）略呈卵圆形，成对，位于大脑半球底面的最前端（图 12-3，图 12-4，图 12-6），接受来自鼻腔嗅区的第 I 对脑神经（嗅神经）。嗅球内为中空的嗅球腔。嗅球向后延续为嗅束（*Tractus olfactorius*），又称嗅脚。嗅束向后分为内侧嗅束和外侧嗅束。内侧嗅束伸入半球的内侧面到达隔区，外侧嗅束向后连结梨状叶。内、外侧嗅束之间的三角形区为嗅三角（*Trigonum*

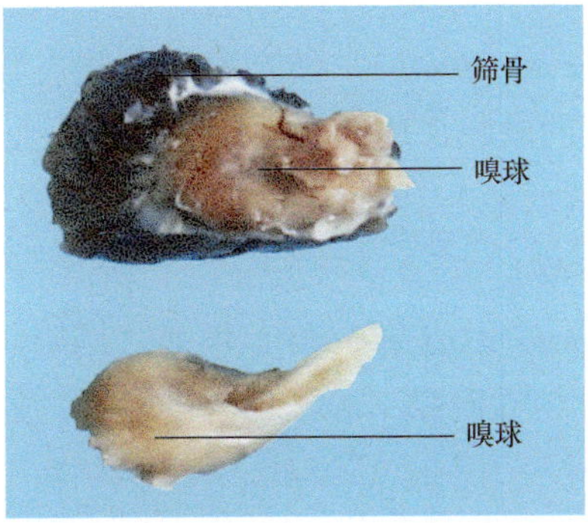

图 12-6 麋鹿的嗅球（固定标本）

olfactorium)。嗅三角的后部有许多血管穿入的部位，称为前穿质（*Substantia perforata rostralis*）。嗅束表面的灰质为嗅回，外侧嗅沟将嗅球与大脑半球新皮质分开。

梨状叶（*Lobus pyriformis*）近似梨状隆起，表层是灰质，称为梨状叶皮质。梨状叶内有腔，是侧脑室的后角。在梨状叶的前端深部有杏仁核。梨状叶表面的灰质向背侧面折转，为海马回（海马旁回）。海马回转至侧脑室称为海马。海马（*Hippocampus*）呈双角状，由后向前内侧延伸，在前方正中与对侧海马相接，形成侧脑室底壁的后部。海马的脑室面覆盖一层白质，白质伸向海马的外侧缘集中形成海马伞。海马伞的纤维向前内侧延伸，并与对侧的相连形成穹窿（*Fornix*）。

2. 大脑半球的内部结构 两侧大脑半球的表面覆盖着大脑皮质，皮质深面为白质，由各种神经纤维构成。在大脑半球基底部有一些灰质团块，称为基底核。

(1) 基底核（*Nucleus basalis*）位于嗅三角的深部、侧脑室前部的底部，是皮质下运动中枢，有维持肌紧张和协调肌肉运动的作用。

(2) 白质　大脑半球内的白质由联合纤维、联络纤维和投射纤维构成。联合纤维是连结左、右大脑半球的纤维，主要为胼胝体（图 12-4）。

(3) 侧脑室（*Ventriculus lateralis*）　为每侧大脑半球内的不规则腔，左、右对称，经室间孔与第三脑室相通（图 12-4）。侧脑室的内侧壁是透明隔，顶壁为胼胝体，底壁的前部为尾状核，后部为海马。侧脑室很不规则，前部通嗅球腔，后部向腹侧可伸达梨状叶。

（四）脑膜和脑脊液

脑的外面由外向内包有脑硬膜、脑蛛网膜和脑软膜三层被膜。

1. 脑软膜（*Pia mater encephali*）　薄，富含血管，紧贴于脑的表面并深入脑沟。随血管分支进入脑质的软膜形成鞘状结构包围于小血管的外面，进入侧脑室、第三脑室和第四脑室的脑软膜与其内含的大量毛细血管特化形成脉络丛（*Plexus choroideus*），能产生脑脊液。

2. 脑蛛网膜（*Arachnoidea encephali*）　很薄，透明，包于软膜外面。位于蛛网膜与软膜之间的腔隙称为蛛网膜下腔，内含脑脊液。蛛网膜下腔通过外侧孔与第四脑室相通。

3. 脑硬膜（*Dura mater encephali*）　厚而坚韧，位于蛛网膜之外。位于硬膜与蛛网膜之间的腔隙称为硬膜下腔，内含淋巴。脑硬膜紧贴于颅腔壁，其间无腔隙存在。

4. 脑脊液（*Liquor cerebrospinalis*） 是无色透明的液体，由侧脑室、第三脑室和第四脑室的脉络丛产生，充满于脑室、脊髓中央管和蛛网膜下腔。脑脊液不断由脉络丛产生，沿一定途径循环，又不断地被重吸收回血液，此过程称为脑脊液循环。

脑脊液具有营养和保护脑、脊髓的作用，对于维持脑组织的渗透压、酸碱平衡和颅内压的相对恒定及减少外力震荡有重要作用。

第三节 周围神经系统

一、概述

周围神经系统（*Systema nervosum periphericum*）是指脑和脊髓以外由神经元胞体和神经纤维组成的神经干、神经丛、神经节和神经末梢装置。周围神经系统可划分为脑神经、脊神经和植物性神经，是中枢神经与外周各器官间联系的结构基础。

（一）神经干、神经丛和神经根

1. 神经干 简称神经，白色，呈带状或索状，内有许多纵行的神经纤维构成的粗细不等的神经纤维束。神经纤维束在神经干内的行径并非平行，而是反复重排，构成神经内丛，因此在同一条神经的不同部位，神经纤维束的数目和分布均不相同。

2. 神经丛 神经丛由许多神经错综交织构成，由此再发出神经分布到所支配的器官，如臂神经丛等。

3. 神经根 周围神经借神经根与中枢神经相联系。神经根有两类：一类为感觉根，由感觉神经元的中枢突组成，其神经元的胞体集中于感觉根上，形成结节状，称为神经节。另一类为运动根，由脊髓的腹侧柱内或脑运动核的神经元发出的轴突组成。

（二）周围神经的分类

根据神经的功能性质，可分为：将感觉冲动由器官传向中枢的感觉神经（传入神经）；将神经冲动由中枢传向效应器而引起肌肉收缩或腺体分泌的运动神经（传出神经）；由感觉神经纤维和运动神经纤维构成的混合神经。根据分布的不同，可分为躯体神经和内脏神经。躯体神经分布于体表和骨骼肌，自脊髓发出的为脊神经，自脑发出的为脑神经。内脏神经分布于内脏、腺体和心血管，又称植物性神经，根据其功能不同，又分为交感神经和副交感神经。

（三）周围神经的分布规律

左、右侧的周围神经一般成对分布和分支，但分布到腹腔内非对称性器官的神经例外。

大的神经干多与分布到相同区域的血管伴行，共同包裹在一个结缔组织鞘内，组成血管神经束。

较大的躯体神经一般具有 3 种分支：肌支、关节支和皮支。肌支主要为躯体运动神经纤维，也有少量躯体感觉神经纤维和分布到肌肉内血管壁的交感神经节后纤维。大多数肌支从所支配肌肉的起点处发出，并随该肌肉的肌膜进入骨骼肌组织。关节支主要由感觉神经纤维组成，大多数在关节附近发出，一条大的神经要经过数个关节，故有若干条关节支。同样，一个关节可接受多条神经的关节支。皮支主要由感觉神经纤维和交感神经节后纤维（分布到血管、立毛肌和腺体）组成，自神经干发出后穿越深筋膜到达皮下。主要的皮神经多与一条大的皮下静脉伴行。

（四）神经的血液供应

神经内有丰富的血液供应。供应神经的动脉称为神经动脉，一般来自与之伴行的血管或邻近的血管，其数目和管径差异很大。神经动脉通常垂直到达神经，然后发出分支进入神经束膜。分布于神经干中的血管形成三层血管网，分别位于神经干的外膜内、神经束膜内和神经束内，神经束内的血管为微血管。阻断一条或数条神经动脉通常不影响神经的功能。神经内的静脉分布通常与动脉相似，但不一定伴行。

二、脊神经

脊神经（*Nn. spinales*）是指与脊髓相连的周围神经，每一对脊神经与一个脊髓节段相连。每一脊神经由背侧根（感觉根）和腹侧根（运动根）在椎间孔附近的硬膜外腔内联合而成。背侧根属于感觉神经节，内含传入纤维，主要由假单极神经元的胞体聚集而成，称为脊神经节（*Ganglion spinale*）。腹侧根由脊髓的腹外侧沟发出，属于运动神经节，内含传出纤维。在胸腰段还有交感神经节前纤维，交感神经节前纤维在脊神经穿出椎间孔后离开脊神经。脊神经为混合神经，内有感觉神经纤维、运动神经纤维和交感神经节后纤维。脊神经由椎间孔或椎外侧孔伸出椎管后，分为背侧支和腹侧支。背侧支分布于脊柱及脊柱背侧的肌肉和皮肤，腹侧支分布于脊柱腹侧及四肢的肌肉和皮肤。

麋鹿的脊神经按部位分为颈神经、胸神经、腰神经、荐神经和尾神经。

（一）颈神经（*Nn. cervicales*）

1. 背侧支 穿行于头半棘肌的内侧面或夹肌间，最终分布于麋鹿颈部背外侧的肌肉和皮肤。

2. 腹侧支 由前向后逐渐变粗，主要分布于麋鹿颈部腹外侧和前肢的肌肉、皮肤，部分参与构成臂神经丛。

（二）胸神经（*Nn. thoracales*）

1. 背侧支 分为内侧支和外侧支。内侧支分布于背多裂肌和背棘肌等。外侧支分布于背最长肌和背髂肋肌，从髂肋肌沟穿出后成为背皮神经，分布到背部皮肤、胸壁上方的皮肤。

2. 腹侧支 较大，称肋间神经（*Nn. intercostales*）（图 12-7）。第 1 和第 2 胸神经的腹侧支主要参与构成臂神经丛。肋间神经位于肋间隙，沿相应肋骨后缘向下延伸，与同名血管伴行，主要分布于肋间肌、胸直肌、胸廓横肌、腹壁肌、乳腺、躯干皮肌和皮肤。最后胸神经的腹侧支沿最后肋骨后缘向下延伸，分为内侧支和外侧支，分布到躯干皮肌、腹部的肌肉和皮肤。

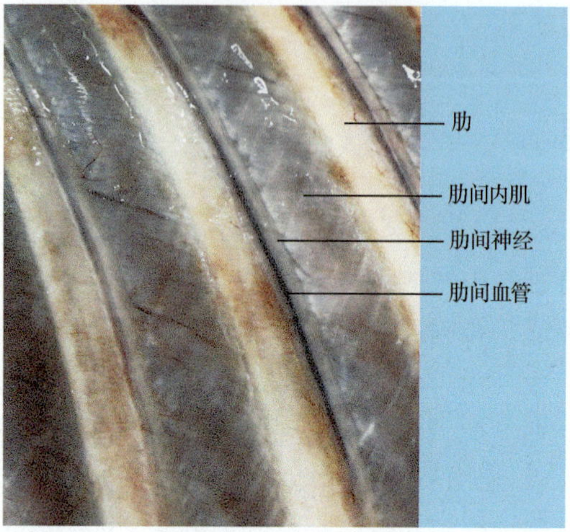

图 12-7 麋鹿的肋间神经（固定标本）

（三）臂神经丛（*Plexus brachialis*）

臂神经丛由第 6、第 7 颈神经的腹侧支与第 1、第 2 胸神经的腹侧支组成，穿过斜角肌，在肩关节的内侧，分出下列分支，主要分布于前肢。

1. 肩胛上神经（*N. suprascapularis*） 自臂神经丛的前部发出，纤维来自第 6、第 7 神经的腹侧支，经冈上肌与肩胛下肌之间绕过肩胛骨前缘进入冈上窝，分布于冈上肌、冈下肌。

2. 肩胛下神经（*Nn. subscapulares*） 在肩胛上神经的后方自臂神经丛发出，纤维来自第 6、第 7 颈神经的腹侧支，分支分布于肩胛下肌和肩关节。

3. 腋神经（*N. axillaris*） 自臂神经丛的中部发出，纤维来自第 7 神经的腹侧支，在肩关节后缘经过肩胛下肌与大圆肌之间，分支主要分布于肩胛下肌、大圆肌、三角肌、小圆肌、臂肌、肩关节及前臂内侧的皮肤。

4. 胸肌神经（*Nn. pectorales*） 分为胸肌前神经和胸肌后神经等。

(1) 胸肌前神经（*Nn. pectorals craniales*） 自臂神经丛的前部发出，有数支，纤维主要来自第 7 颈神经的腹侧支，分布于胸部肌肉和肩关节囊。

(2) 胸肌后神经（*Nn. pectorals caudales*） 纤维主要来自第 7 颈神经和第 1、第 2 胸神经的腹侧支，包括胸长神经分布于胸腹侧锯肌、胸背神经分布于胸外侧的背阔肌、胸外神经分布于躯干皮肌、胸壁和腹壁的皮肌。

5. 肌皮神经（*N. musculocutaneus*） 自臂神经丛的前中部发出，经腋动脉外侧，在腋动脉的腹侧有一粗交通支与正中神经相连，形成腋袢。在肩关节附近发出肌支至喙臂肌和臂二头肌，主干与正中神经向下延伸，至臂中部与正中神经分开，并分出肌支到臂二头肌、臂肌和肘关节，主干经臂二头肌与臂肌之间到达前臂部背内侧面，延续为前臂内侧皮神经，分布于麋鹿的前臂部、腕部、掌部内侧面的筋膜和皮肤。

6. 桡神经（*N. radialis*） 自臂神经丛的后部发出，纤维来自第 7、第 8 颈神经和第 1 胸神经的腹侧支，与尺神经一起沿臂动脉的后缘向下延伸，在臂内侧中部从臂三头肌长头与内侧头之间进入肱骨臂肌沟，分为深支和浅支。沿途分出肌支分布于臂三头肌、前臂筋膜张肌和肘肌。深支分布于腕和指的伸肌。浅支在臂三头肌外侧头下缘分出前臂外侧皮神经，分布于前臂外侧的皮肤。主干沿腕桡侧伸肌内侧向下延伸至腕部，分布于第 3、第 4 指的背侧。

7. 尺神经（*N. ulnaris*） 自臂神经丛的后部分出，纤维来自第 1、第 2 胸神经的腹侧支，自肱骨中部沿臂动脉向后下方延伸，经肱骨内侧髁与肘突间进入前臂，在腕外侧屈肌与腕尺侧屈肌间继续向下延伸到腕部，在副腕骨上方分为背侧支和掌侧支。在臂部远端和前臂部近端，尺神经有皮支分布于前臂后面皮肤，有肌支分布于屈腕关节和指关节的肌肉。背侧支至掌部背外侧面下行延续为指背侧第 4 总神经，分布于第 4 指。掌侧支沿指浅屈肌向下延伸，分出深支和浅支，分别至骨间肌和第 4 指。

8. 正中神经（*N. medianus*） 自臂神经丛的后部发出，纤维来自第 1、第 2 胸神经的腹侧支，是臂神经丛最大的分支，与臂动脉、正中动脉伴行向下延伸。在臂部上部，麋鹿的正中神经与肌皮神经合成正中肌皮神经干，在臂中部二者分开。正中神经在臂中部分与肌皮支分开后，沿肘关节内侧进入前臂正中沟向下延伸。正中神经在前臂近端分出肌支，分布于腕桡侧屈肌、腕尺侧屈肌和指深屈肌；在正中沟内还分出骨间神经，进入前臂骨间隙，分布于骨膜。然后正中神经继续向下延伸，在掌远端分为内、外侧支，继续分支分布于掌、悬蹄、第 3 和第 4 指。

（四）腰神经（*Nn. lumbalis*）

1. 髂腹下神经（*N. iliohypogastricus*） 来自第 1 腰神经的腹侧支。在腰大肌与腰方肌之间穿出，行经第 2 腰椎横突末端腹侧向后下方延伸，再分为内侧支和外侧支。外侧支分布于腹壁肌肉、腹侧壁及膝关节外侧的皮肤。内侧支分布于腹直肌和腹底壁的皮肤。

2. 髂腹股沟神经（*N. ilioinguinalis*） 来自第 2 腰神经的腹侧支。在腰大肌与腰小肌间向后外侧行走，有分支至腰部肌肉。主干至第 4 腰椎横突末端腹侧向后下方延伸，分出内侧支和外侧支，外侧支分布于膝外侧及以下的皮肤；内侧支分布的情况与髂腹下神经相近，主要分布于腹底壁肌肉和皮肤，区域略靠后方。

3. 生殖股神经（*N. genitofemoralis*） 由第 2 ～ 4 腰神经腹侧支的分支组成。沿腰大肌内侧缘下行，分为肌支和腹股沟支。肌支分布于腰肌，腹股沟支进入腹股沟管，雄性麋鹿分布于阴囊和包皮，雌性麋鹿分布于乳房。

4. 股外侧皮神经（*N. cutaneus femoralis lateralis*） 由第 3 和第 4 腰神经腹侧支的分支组成。经腰肌间向后外侧伸达髋结节附近，沿髂下淋巴结向下延伸，分布于膝关节以上股前和外侧面的皮肤。

5. 股神经（*N. femoralis*） 纤维来自第 4 ～ 6 腰神经的腹侧支，穿过腰大肌与髂肌间隙，有分支到髂腰肌，穿出腹腔之后分出隐神经，主干继续延伸至股四头肌。隐神经伴随隐静脉向下延伸，分布于缝匠肌、股部和小腿内侧面的皮肤。

6. 闭孔神经（*N. obturatorius*） 由第 4 ～ 6 腰神经的腹侧支组成，沿腹膜下髂骨内侧面向后下方延伸，穿出闭孔，分支分布于闭孔外肌、耻骨肌、内收肌和股薄肌。

（五）荐神经（*Nn. sacralis*）

1. 坐骨神经（*N. ischiadicus*） 为麋鹿全身最粗大的神经（图 12-8），纤维主要由第 6 腰神经和第 1、第 2 荐神经腹侧支组成。自坐骨大孔出盆腔，在荐结节阔韧带和臀深肌之间向后下方延伸，经大转子与坐骨结节间绕到髋关节后方，在股后部向下延伸于股二头肌、半膜肌和半腱肌间，并沿途分支分布于股二头肌、半膜肌和半腱肌。在股中部分为腓总神经（*N. peroneus communis*）和胫神经（*N. tibialis*）（图 12-8）。前者在腓骨外侧附近分为腓浅神经和腓深神经（图 12-8），并分布于麋鹿小腿外侧皮肤。后者较前者略粗，分布于小腿后面和跗跖外侧面的皮肤。

2. 臀前神经（*N. glutaeus cranialis*） 由第 6 腰神经和第 1 荐神经腹侧支组成，经坐骨大孔出盆腔，与臀前动、静脉伴行，分布于臀肌和股阔筋膜张肌。

3. 臀后神经（*N. glutaeus caudalis*） 由第 1、第 2 荐神经腹侧支组成，沿大孔出盆腔，经荐结节阔韧带外侧面向后延伸，分支分布于臀肌、股二头肌和半腱肌（图 12-8）。

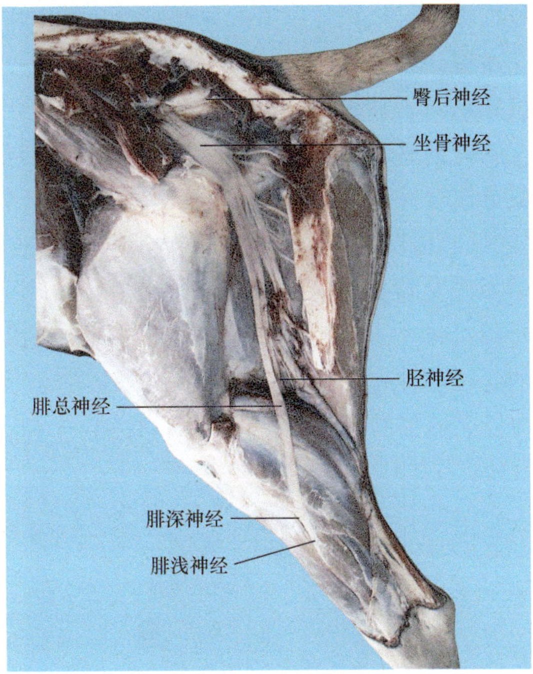

图 12-8 麋鹿的坐骨神经（固定标本）

4. 阴部神经（*N. pudendus*） 由第 3、第 4 荐神经腹侧支的分支组成，沿荐结节阔韧带的内侧面向后下方延伸，分支分布于尿道、肛门、会阴的肌肉和皮肤，以及股后部的皮肤。

5. 直肠后神经（*Nn. rectales caudales*） 来自第 4、第 5 荐神经腹侧支，在阴部神经背侧，沿荐结节阔韧带内侧面向后向下延伸，分布于尾骨肌、直肠、肛提肌、肛门外括约肌、肛周皮肤，以及雄性麋鹿的阴茎退缩肌、雌性麋鹿的会阴部。

（六）尾神经（*Nn. coccygei*）

麋鹿尾神经也分为背侧支和腹侧支，背侧支互相吻合形成尾背侧神经丛伸至尾尖，腹侧支相互吻合形成尾腹侧神经丛伸至尾尖，分别分布于尾背、腹侧的肌肉和皮肤。

三、脑神经

与脑相连的周围神经称为脑神经，共有 12 对。按其与脑相连的前后顺序及其功能、分布和行程而命名，依次是：第Ⅰ对嗅神经、第Ⅱ对视神经、第Ⅲ对动眼神经、第Ⅳ对滑车神经、第Ⅴ对三叉神经、第Ⅵ对展神经、第Ⅶ对面神经、第Ⅷ对前庭耳蜗神经、第Ⅸ对舌咽神经、第Ⅹ对迷走神经、第Ⅺ对副神经和第Ⅻ对舌下神经（图 12-9）。脑神经通过颅骨上的孔或裂进出颅腔，主要分布在头和颈部。脑神经的神经纤维成分比脊神经复杂，可分为躯体传入纤维（传导头部皮肤、肌、腱、口腔、鼻黏膜、位听器和视觉器官的感觉）、内脏传入纤维（接受头颈、内脏、心血管、腺体、味蕾及嗅觉器官的信息）、一般躯体传出纤维（支配头、颈部的骨骼肌）和副交感神经纤维（支配头部的腺体、平滑肌和心肌），所以有的脑神经是感觉神经，有的是运动神经，有的是含有感觉纤维和运动纤维的混合神经。支配头部平滑肌、血管、腺体的感觉神经纤维来自脊髓。

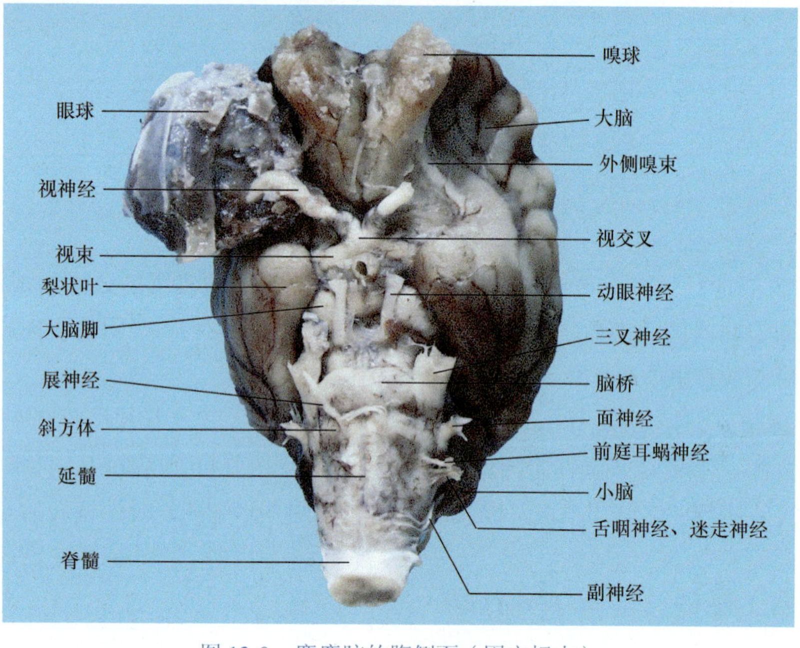

图 12-9　麋鹿脑的腹侧面（固定标本）

（一）嗅神经

嗅神经（*Nn. olfactorii*）是传导嗅觉的感觉神经，起自鼻腔的嗅黏膜。在嗅黏膜内，嗅细胞为双极神经元，嗅细胞的轴突集合构成细小的嗅丝，向前穿过筛板入颅连于嗅球。

（二）视神经

视神经（*N. opticus*）是传导视觉的感觉神经，由眼球视网膜神经节细胞的轴突构成，经视神经孔入颅腔，两侧视神经在脑腹侧相连互相交叉，形成视神经交叉，向后延续为视束，至间脑的外侧膝状体，将视觉冲动传至大脑皮层。

（三）动眼神经

动眼神经（*N. oculomotorius*）包含运动神经纤维和植物性神经的副交感神经纤维，是支配眼肌运动的主要神经。运动神经纤维起于中脑的动眼神经核，自脚间窝外缘出脑，经眶圆孔出颅腔，分背、腹两支分布于眼球肌，支配眼球和上眼睑的运动。副交感神经纤维起于中脑的副交感核，在腹侧形成睫状神经节，节后神经纤维支配瞳孔括约肌和睫状肌的活动。

（四）滑车神经

滑车神经（*N. trochlearis*）是运动神经，起于中脑的滑车神经核，自结合臂与下丘交界处的背侧出脑，是唯一一对由脑干背侧发出的脑神经，经眶圆孔出颅腔，分布于眼球上斜肌，参与调节眼球的运动。

（五）三叉神经

三叉神经（*N. trigeminus*）是最粗的脑神经，为混合神经，由较细的运动根和粗大的感觉根组成，与脑桥的腹外侧部相连。感觉根上有三叉神经节，该神经节位于颈静脉孔的前外侧，其感觉神经元的中枢突组成感觉根入脑桥，止于三叉神经感觉核，周围突组成眼神经、上颌神经及下颌神经。头部的一般性感觉主要由三叉神经传导。运动根起自脑桥三叉神经运动核，参与组成下颌神经。眼神经、上颌神经及下颌神经是三叉神经的三大分支。

1. 眼神经（*N. ophthalmicus*） 为感觉神经，较细，从眶圆孔出颅腔后分为泪腺神经、额神经（或眶上神经）和鼻睫神经。泪腺神经分布于泪腺、上眼睑及颞部的皮肤。额神经出眶上孔分布于额部皮肤和上眼睑。鼻睫神经自筛孔返回颅腔，再穿过筛板进入鼻腔，分布于鼻中隔和上鼻甲。鼻睫神经在返回颅腔前，有分支分布于第3眼睑、眼球壁、结膜、鼻泪管及眼内角的皮肤。

2. 上颌神经（*N. maxillaris*） 为感觉神经，自眶圆孔出颅腔，主干在蝶腭窝处进入眶下管后口，成为眶下神经。在蝶腭窝内，上颌神经还发出颧神经和蝶腭神经。颧神经分布于下眼睑及附近的皮肤。蝶腭神经分布于鼻腔黏膜、齿龈黏膜、硬腭和软腭。眶下神经分布于臼齿、齿龈、齿槽，在眶下孔穿出后分布于上唇、鼻前庭、鼻孔的皮肤和黏膜。

3. 下颌神经（*N. mandibularis*） 为混合神经，经卵圆孔出颅腔。运动神经形成肌支，如翼肌神经、咬肌神经、颊肌神经，分布于咀嚼肌、腮腺、颊腺和黏膜；感觉神经主要有颞浅神经、下颌齿槽神经和舌神经。颞浅神经分布于颊部、耳部的皮肤。下颌齿槽神经分布于下颌齿和颏部及颞耳区、面部的皮肤、颊黏膜等。舌神经为分布于舌黏膜前2/3和口腔底壁黏膜的神经支，与面神经分出的鼓索神经合并。

（六）展神经

展神经（*N. abducens*）是运动神经，含一般躯体传出纤维，起于延髓内的展神经核，从延髓的椎体前端两侧发出，经眶圆孔出颅腔伸入眶窝，分布于眼球外直肌和眼球退缩肌，参与调节眼球的运动。

（七）面神经

面神经（*N. facialis*）属于混合神经，由延髓斜方体的外侧发出，与前庭耳蜗神经一起进入内耳道，在内耳道底部进入面神经管，再从茎乳突孔出颅壁。面神经在面神经管内有膝神经节，为感觉神经节，主要分支有岩大神经和鼓索神经。岩大神经主要为副交感神经，分布于泪腺、鼻腺和腭腺。鼓索神经内含感觉纤维和副交感神经纤维，经岩鼓裂走出后，加入舌神经。感觉纤维来自舌前2/3的味蕾，副交感纤维至下颌神经节，支配下颌腺和舌下腺。面神经出面神经管后有颊支、耳睑神经、耳后神经、耳内神经等分支，颊支分布于颊、唇和鼻部的肌肉；耳睑神经分布于腮腺、耳肌、上眼睑和下眼睑肌肉；耳后神经分布于耳肌；耳内神经分布于耳内面皮肤。

（八）前庭耳蜗神经

前庭耳蜗神经（*N. vestibulocochlearis*）连斜方体外侧缘，在内耳道入耳，属于感觉神经，传导听觉和平衡觉，分为前庭神经和耳蜗神经。耳蜗神经传导听觉，感觉神经元位于内耳的螺旋神经节，其周围突分布于内耳的螺旋器。前庭神经传导平衡觉，感觉神经元胞体位于内耳道底部的前庭神经节，其周围突分布于内耳前庭和半规管内膜迷路中的位置感受器。

（九）舌咽神经

舌咽神经（*N. glossopharyngeus*）属于混合神经，自延髓腹外侧缘发出，其根在前庭耳蜗神经根后方与迷走神经根前面，经颈静脉孔出颅腔。舌咽神经出颅腔后，在咽外侧沿舌骨大支向前下延伸，分为咽支和舌支。咽支主要分布于咽部、软腭的肌肉和黏膜；舌支分布于舌后 1/3。在此前还分出一支窦神经，分布至颈动脉窦。感觉神经分布于舌后 1/3、软腭、咽、颈动脉窦，司味觉和一般感觉。运动神经分布于咽肌，司咽运动。

（十）迷走神经

迷走神经（*N. vagus*）为混合神经，含感觉传入纤维、躯体传出纤维与内脏传出纤维。其根丝发自延髓的腹侧面，在舌咽神经根的后方，经颈静脉孔出颅腔，沿颈总动脉向后下延伸，入胸腔后在支气管的附近分为背侧支和腹侧支（图 12-10），沿食管向后延伸，穿经膈的食管裂孔进入腹腔，分布到腹腔各内脏器官。迷走神经在中途颈段和胸段分出许多分支，分布于外耳皮肤、咽喉部肌肉、食管、气管、肺、心脏和大血管。迷走神经的特点是走行长，分布区域广。

（十一）副神经

副神经（*N. accessorius*）是运动神经，由颅根和脊髓根组成。颅根起自延髓腹外侧缘，位于迷走神经根的后方；脊髓根由前部颈段脊髓腹侧柱发出的腹根分支组成，经枕骨大孔入颅腔，与颅根合并成副神经，后经颈静脉孔出颅腔，分布

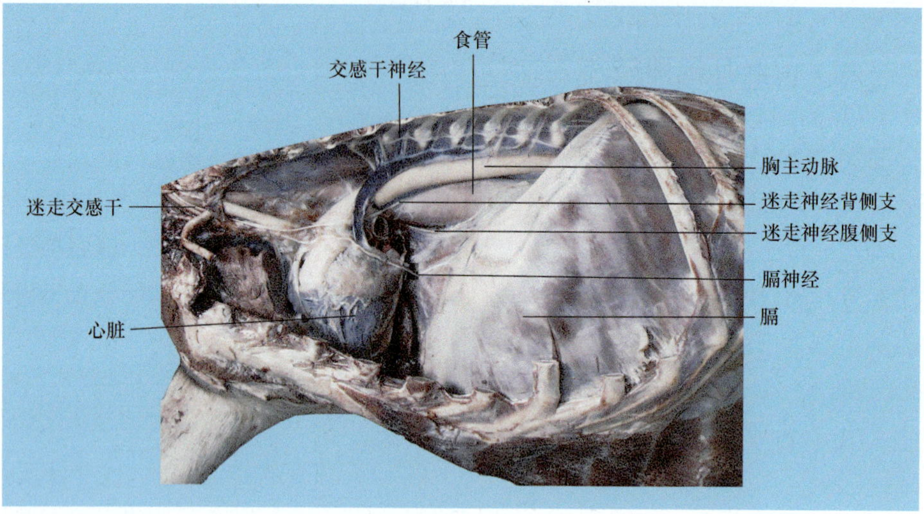

图 12-10 迷走神经（固定标本）

于咽喉肌、胸头肌、斜方肌和臂头肌。

（十二）舌下神经

舌下神经（*N. hypoglossus*）为舌的运动神经，起自延髓的舌下神经核，自延髓腹侧下橄榄体的外侧缘发出，经舌下神经孔出颅腔，分布于舌肌和舌骨肌。

四、自主神经

植物性神经系统（*Systema nervosum vegetativum*），又称为自主神经系统（*Systema nervosum autonomicum*），它们是分布至平滑肌、心肌和腺体的神经。

（一）交感神经

麋鹿交感神经（*N. sympatheticus*）的节前神经元胞体位于胸段和腰前段脊髓的灰质外侧柱内。节后神经节元的胞体位于椎神经节和椎下神经节内。椎神经节发出的节后纤维或经灰交通支返回脊神经，随脊神经分布于躯体的血管、汗腺和立毛肌，或围绕动脉形成神经丛，随动脉至其所分布器官的血管、平滑肌、腺体及心肌。椎下神经节的节后纤维形成神经丛分布于它支配的器官。

交感神经干（*Truncus sympathicus*）位于脊柱腹外侧，自颈前段起后延至荐尾部为止，可分为颈部、胸部、腰部和荐尾部。

1. 颈部交感神经干 麋鹿的颈部交感神经干由前部胸段脊髓发出的节前神经纤维构成，在颈部与迷走神经并行，合称迷走交感干。颈部交感干上有颈前、颈中与颈后 3 个神经节。

(1) 颈前神经节（*Gang. cervicale craniale*） 位于颅底腹面枕骨颈静脉突的内侧，呈长梭状。麋鹿颈前神经节发出的分支分布于头部和颈前部的血管、汗腺、立毛肌，以及唾液腺、泪腺、瞳孔开大肌和平滑肌。

(2) 颈中神经节（*Gang. cervicale medium*） 位于颈后部，麋鹿颈中神经节发出的节后神经纤维参与组成心神经丛，分布于主动脉、心、气管和食管。

(3) 颈后神经节（*Gang. cervicale caudale*） 与第 1、第 2 胸神经节合并成星状神经节（*Gang. stellatum*）。星状神经节位于胸前口，在第 1 肋椎关节的内侧，呈星芒状，向四周发出节后神经纤维，分支参与构成心神经丛、肺神经丛，分布于心、肺、血管、食管等胸腔内器官。

2. 胸部交感神经干 位于胸椎椎体腹侧，由颈胸神经节向后延伸，后连于腰交感干。每一骨节各有一胸神经节。第 1 或第 2 胸神经节常参与组成颈胸神经节。交感干上有胸神经节，由胸神经节发出节后神经纤维，一些节后神经纤维组成灰交通支返回胸神经，分布于胸壁的血管、平滑肌、腺体；另一些节后神经纤维形成小支，至主动脉、食管、气管和支气管，并参与组成心神经丛和肺神经丛。胸部交感神经干还发出内脏大神经和内脏小神经。

(1) 内脏大神经（*N. splanchnicus major*） 自胸部交感神经干的中后段和前两个腰部交感神经干分出，并与其并行，分开后穿过膈脚与腰小肌之间入腹腔，连于腹腔肠系膜前神经节。

(2) 内脏小神经（*N. splanchnicus minor*） 自胸部交感神经干的后段分出，在内脏大神经的后方，也连于腹腔肠系膜前神经节和肾上腺丛，主要参与构成肾神经丛。

3. 腰部交感神经干 位于腰椎椎体两侧，沿腰小肌内侧缘向后延伸，常有 2 ～ 6 个腰神经节，发出节后神经纤维组成灰交通支返回腰神经。腰部交感神经干分出内脏小神经和腰内脏神经，连于肠系膜后神经节。腹腔内有两个主要神经节：腹腔肠系膜前神经节和肠系膜后神经节。

腹腔肠系膜前神经节（*Ganglion celiaca mesenterium cranialis*）位于腹腔动脉根部的两侧和肠系膜前动脉根部的后方。该神经节发出的节后纤维构成腹腔肠系膜前神经丛，沿动脉的分支分布到肝、胃、脾、胰、小肠、大肠和肾等器官，到肾上腺髓质的纤维属于节前纤维。

肠系膜后神经节（*Ganglion mesenterium caudale*）在肠系膜后动脉根部附近，从肠系膜后神经节发出的节后纤维沿动脉分布到结肠后段、精索、睾丸、附睾或卵巢、输卵管和子宫角，还分出腹下神经，向后延伸到盆腔内，参与构成盆神经丛，分布于结肠后段、直肠、膀胱、前列腺和阴茎（雄性麋鹿）或子宫和阴道（雌性麋鹿）。

4. 荐尾部交感干 沿荐骨骨盆面向后延伸并逐渐变细，前部的神经节较大，后部变小，节后神经纤维组成灰交通支连荐神经和尾神经。

（二）副交感神经

副交感神经（*N. parasympatheticus*）的中枢部位于脑干和荐部脊髓，故分为颅部副交感神经和荐部副交感神经。

1. 颅部副交感神经 其节前神经纤维伴随动眼神经、面神经、舌咽神经和迷走神经至副交感神经节，节后纤维分布于特定的器官。

动眼神经内的副交感神经节前纤维起于中脑的动眼神经副交感核（缩瞳核），伴随动眼神经至眼内的睫状神经节，交换神经元，其节后纤维分布于眼球的睫状肌和瞳孔括约肌。

面神经内的副交感神经节前纤维起于脑桥的面神经副交感核（泌涎核），一部分至上颌神经上的翼腭神经节，节后纤维分布于泪腺、腭腺、颊腺和鼻腺；另一部分通过鼓索神经至下颌神经节，节后纤维分布于舌下腺和颌下腺。

舌咽神经内的副交感神经节前纤维起于延髓的舌咽神经副交感核，至下颌神经内侧面的耳神经节，节后纤维分布于腮腺和颊腺。

迷走神经内的副交感神经节前纤维起于延髓的迷走神经副交感核，随迷走神经延伸至胸腔和腹腔内的终末神经节，再发出分支分布于咽、喉、食管、胃、肠、肝、胰、肺、心、肾等器官，调节平滑肌、心肌、腺体的活动。

2. 荐部副交感神经 荐部副交感神经节前神经元胞体位于荐部脊髓第 2 ～ 4 节的外侧柱内，节前纤维随第 2 ～ 4 荐神经的腹侧支出椎管，形成 1 ～ 2 条盆神经丛。节前纤维在盆神经节交换神经元，节后纤维分布于结肠末段、直肠、膀胱和阴茎（雄性麋鹿）或子宫和阴道（雌性麋鹿）。

第十三章
感　官

感觉器官（*Organa sensuum*）是感受器及其辅助装置的总称。感受器是机体接受内、外环境各种刺激的特殊结构。不同类型的刺激首先要经相应的感受器来接受，并通过感受器的换能作用，把刺激能量转变为神经冲动，经感觉神经传到中枢神经，从而产生各种感觉，建立机体与内环境的联系。由于结构的不同，每种感受器在正常情况下只感觉一定种类的刺激。例如，眼感受光波、耳感受声波、味觉和嗅觉器官感受一定的化学物质的刺激。脊椎动物的感觉器官可分为感受物理刺激和感受化学刺激两大类，前者有皮肤感受器、平衡器、听觉器、视觉器等；感受化学刺激的感受器有味觉和嗅觉器。

第一节　皮肤感受器

在麋鹿的皮肤中，有各种类型的皮肤感受器：温度感受器、压力和触觉感受器及痛觉感受器等。温度感受器一般位于上皮内或结缔组织中，甚至可延伸到中枢神经系统的脑室腔。

在麋鹿的皮肤中，有4种类型的压力和触觉感受器，即触觉小体、麦克尔触盘、环层小体和游离神经末梢。

麋鹿的痛觉感受器在表皮的基底层和颗粒层之间，有由真皮乳头内神经分出的无鞘而弯曲的神经纤维。

第二节　视觉器官

视觉器官（眼）能感受光线的刺激，经视神经传导至脑而产生视觉。视觉器官由眼球及其辅助结构两部分组成。

一、眼球

眼球（*Bulbus oculi*）为视觉器官的主要部分，位于眼眶内，呈略扁的球形。视神经从眼球后极的外下方发出与间脑相连。眼球包括眼球壁和眼球内容物。

1. 眼球壁 眼球壁可分为外、中、内三层膜。外膜为纤维膜，由厚而坚硬的致密结缔组织构成，包括角膜和巩膜两部分（图 13-1）。角膜（*Cornea*）位于外膜前方部分，厚约 1.2mm，直径约 12mm，无色透明，前面隆凸后面凹，前凸的曲度较大，具有折光作用。巩膜（*Sclera*）为外膜在角膜以后的部分，白色不透明，十分坚韧。在巩膜与角膜移行处为角膜缘。

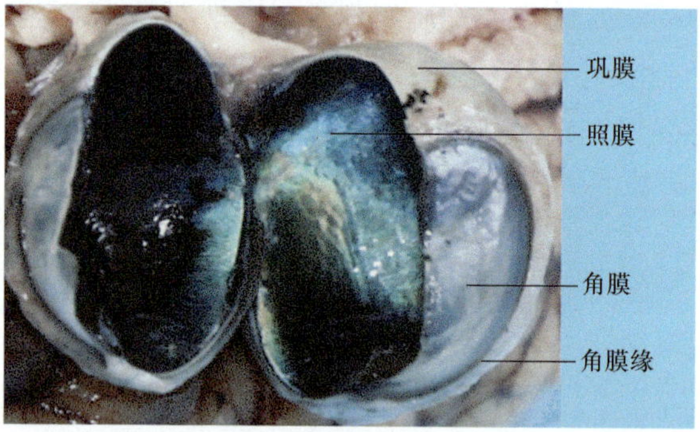

图 13-1 麋鹿的眼球壁（固定标本）

眼球壁的中膜为血管膜，含有大量血管和色素细胞。中膜从前向后依次为虹膜、睫状体和脉络膜三部分。虹膜（*Iris*）是环状膜，位于晶状体前方，呈圆盘状，黄褐色，从眼球前面透过角膜可以看到。虹膜前表面上有一系列放射状波浪形小褶。虹膜中央是瞳孔（*Pupilla*），呈长条形，长约 2cm，宽约 0.4cm。睫状体（*Corpus ciliare*）位于巩膜和角膜移行部的内面，是眼球壁中膜前部增厚的部分。脉络膜（*Choroidea*）衬于巩膜内面，薄而柔软，占中膜的后 2/3，含丰富的血管。外面与巩膜疏松相连，内面与视网膜紧密相连。后部在视神经穿过的背侧，有呈青绿色的金属光泽区，称为照膜（*Tapetum lucidum*），能将外来光线反射于视网膜加强刺激作用，有助于在暗环境中对弱光的感应（图 13-1）。

眼球壁的内膜为视网膜（*Retina*），贴附在中膜的内面，为眼球壁的最内层，可分为视部和盲部。视网膜盲部贴附在虹膜和睫状体的内面，无感光作用。

视网膜视部贴附在脉络膜的内面，有感光作用。在福尔马林固定后的标本上观察，呈半透明的灰白色，后部较厚。在视部的后方，有一白色圆盘状视神经乳头（*Papilla optici*），是视神经穿出视网膜的地方。在视乳头的外下方有一横置的椭圆区，为黄斑（*Macula lutea*），在福尔马林固定的标本上观察，颜色白亮，黄斑的边缘比较模糊。

2. 晶状体（*Lens crystallina*） 位于虹膜之后、玻璃体之前，无色、透明而富有弹性。外形如双凸透镜，但后面较前面的曲度更大一些（图 13-2）。晶状体外缘借着悬韧带连在睫状体上。晶状体如因外伤、中毒及新陈代谢障碍发生浑浊，临床上称为白内障，麋鹿曾出现过先天性白内障个体，即出生时幼崽眼角膜白色，不能视物，对光无感应。

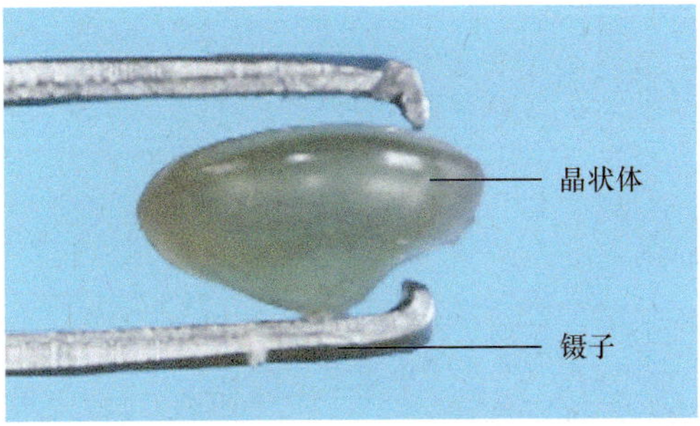

图 13-2　麋鹿的晶状体（固定标本）

3. 玻璃体（*Corpus vitreum*） 为无色透明的胶状物质，充满于晶状体和视网膜之间的腔隙内，外包一层透明的膜。玻璃体前面凹，容纳晶状体，称为晶状体窝。玻璃体有折光和支持视网膜等作用。

4. 眼房（*Camera oculi*）和眼房水（*Aquosus humor*） 眼房位于角膜与晶状体之间，被虹膜分为眼前房和眼后房，两房经瞳孔相通。眼房内充满眼房水，眼房水为无色透明的液体。

二、眼球的辅助结构

眼球的辅助结构是指保护、支持和运动眼球的结构，包括眼眶腔、眼睑、泪器和眼肌等。

1. 眼眶腔 眼眶呈锥形，眶底略呈三角形，其内侧边界是由颞骨、额骨、泪骨和颧骨围成。眶腔内有一层致密坚韧的纤维结缔组织膜——眶周膜，包围眼球、眼球肌、血管、神经和泪腺。

眶腔内容物除眼球及其附属结构外尚有大量的脂肪，同样起保护眼的作用。

2. 眼睑（*Palpebrae*） 眼睑位于眼球前方的皮肤褶，俗称眼皮，有保护眼球的作用。眼睑可分为上眼睑和下眼睑，上、下眼睑之间的裂隙称为睑裂，其内、外侧端分别称为眼内侧角和眼外侧角（图 13-3）。眼睑外面为皮肤，内面为结膜，两面移行处为睑缘。睑前缘生有睫毛。睑后缘的内侧端有一乳头样小突起称为泪乳头。泪乳头的尖端有一针尖大的小孔称泪点，为泪小管的起始处。结膜分为睑结膜和球结膜。被覆于眼睑内面的部分为睑结膜，覆盖于眼球巩膜前部的部分为球结膜。

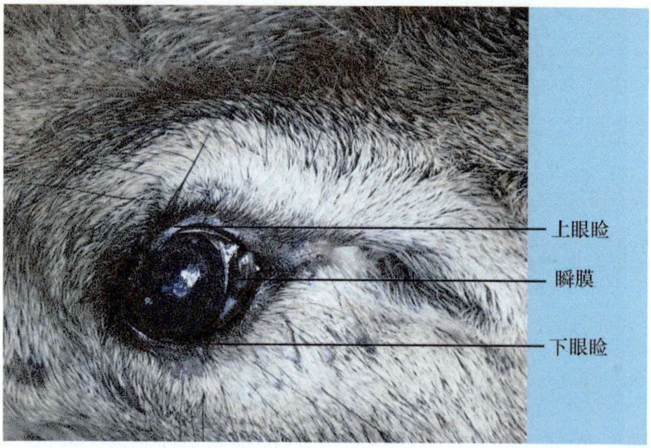

图 13-3 麋鹿的眼睑

在眼内下角处，结膜形成一个半月形的结膜褶为第 3 眼睑，又称瞬膜（*Palpebra tertia*）。瞬膜内含有许多结膜淋巴小结，中间有一层软骨板支架。瞬膜一般藏于眼睑内，在感染等异常情况下发生肿大时，外观可见。瞬膜有棕褐色色素沉着（图 13-3）。

3. 泪器 泪器包括泪腺和泪道两部分。泪腺（*Glandula lacrimalis*）位于眼眶外上方的泪腺窝内，呈扁平卵圆形，分泌泪液，有湿润和清洁眼球表面的作用。泪道为泪液排除的通道，由泪点、泪小管、泪囊和鼻泪管组成。鼻泪管开口于鼻前庭（图 13-4）。

4. 眼肌 眼肌为眼球的运动装置，共有 7 条，包括 4 条直肌、1 条退缩肌和 2 条斜肌。

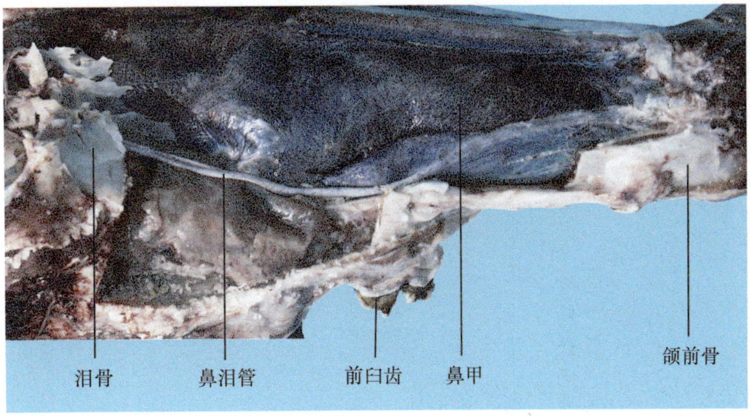

图 13-4　鼻泪管（固定标本）

三、眶内血管

眼眶的血液供应来自眶动脉。眶动脉自眶周膜的后外侧部穿入眶内，分为三个分支，即眼支、眶支、眶外支。眼静脉收受眼睑、眼球及眶内各结构的静脉血，主干与眶动脉浅干伴行。

第三节　位听器官——耳

耳为听觉和平衡觉器官，分为外耳、中耳和内耳。外耳、中耳是收集和传导声波的装置，内耳是接受声波和平衡刺激的器官。

一、外耳

外耳由耳郭、外耳道和鼓膜 3 部分组成。

1. 耳郭（*Auricula*）　耳郭呈漏斗状（图 13-5）。耳郭外面隆凸称为耳背，里面凹陷称为舟状窝，窝内的皮肤形成纵走的皱褶。耳郭以耳郭软骨作为支架，内、外被覆皮肤。内面皮肤上部长有浓密的长毛，耳内基部毛少而具有很多皮脂腺。耳郭外周基部周围有脂肪垫，并附着较发达的耳郭外肌和内肌，能使耳郭灵活运动，便于收集声波。成年麋鹿耳郭长 14 ～ 19cm，最宽处 5 ～ 8cm。

图 13-5 麋鹿的外耳

2. 外耳道（*Meatus acusticus externus*） 外耳道是从耳郭基部到鼓膜的管道，由外侧部的软骨性外耳道和内侧部的骨性外耳道组成（图 13-6）。软骨性外耳道以环状软骨为支架，外侧端与耳郭软骨相连，内侧端以致密结缔组织与骨性外耳道相连。骨性外耳道位于岩颞骨内，又称岩颞骨外耳道，断面呈椭圆形，外口大，内口小，内口有鼓膜环沟，鼓膜嵌入此沟内。外耳道内面被覆皮肤，软骨性外耳道的皮肤具有短毛、皮脂腺和特殊的耵聍腺（*Glandulae ceruminosae*）。耵聍腺为变态的汗腺，分泌耳蜡，又称耵聍。

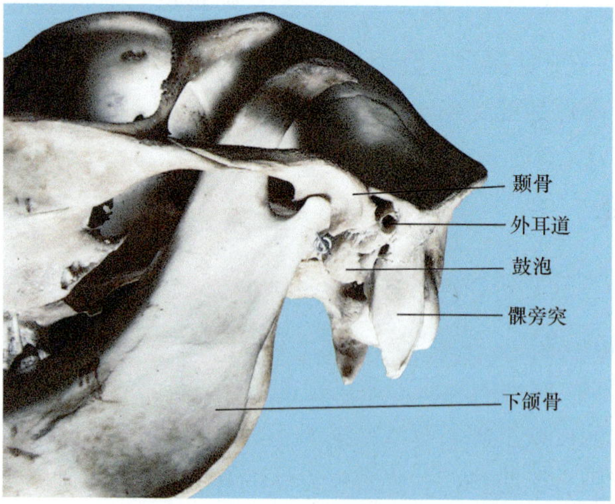

图 13-6 麋鹿的骨性外耳道

3. 鼓膜（*Membrana tympani*） 鼓膜位于外耳道底部，在外耳与中耳之间，为半透明的薄膜，坚韧而富有弹性，鼓膜边缘附着于颞骨上，鼓膜略向内凹陷。

二、中耳

中耳（*Auris media*）位于外耳和内耳之间，大部分在岩颞骨内，由鼓室、听小骨和咽鼓管组成。

三、内耳

内耳（*Auris interna*）位于颞骨岩部内，在鼓室与内耳道底之间，由构造复杂、形状不规则的管腔组成，故称迷路，是听觉和平衡觉感受器所在部位。内耳由多个迂曲的管道组成，包括骨迷路和膜迷路两部分。骨迷路由致密骨质构成，膜迷路为膜性结构。膜迷路套于骨迷路内，两者之间形成腔隙，腔内充满外淋巴；膜迷路内充满内淋巴。

骨迷路（*Labyrinthus osseus*）由致密骨质构成，可分为前庭、骨半规管和耳蜗 3 部分，彼此互相连通。

膜迷路（*Labyrinthus membranaceus*）为套入骨迷路内的膜性管道，管径较小，借纤维束固定于骨迷路。膜迷路由膜半规管、椭圆囊、球囊和耳蜗管 4 部分组成，管腔相通，腔内有内淋巴。

耳郭收集声波，经外耳道传至鼓膜，引起鼓膜振动，并经听骨链传至前庭窗，引起前庭阶外淋巴振动，进而振动前庭膜、基底膜和蜗管的内淋巴。前庭阶外淋巴的振动也经蜗孔传至鼓阶，使基底膜振动发生共振，基底膜的振动使盖膜与毛细胞的纤毛接触，引起毛细胞兴奋，冲动经耳蜗神经传入脑的听觉中枢而产生听觉及听觉反射。

第十四章
被　　皮

麋鹿的被皮（*Integumentum commune*）包括皮肤及由皮肤演化来的附属物，如角（茸）、毛、蹄、枕、乳腺、肛门腺、皮脂腺、汗腺、气味腺等。被皮除对机体的内部器官起保护作用外，由于皮肤含有丰富的感觉神经末梢，因此它又是重要的感觉器。皮肤还具有分泌和排泄废物、调节机体体温的重要机能。

第一节　皮　　肤

麋鹿的皮肤（*Cutis*）比较厚，身体不同部位的皮肤厚度不一样：体背侧厚于腹侧；体外侧厚于内侧；躯体后部厚于前部。

皮肤分为表皮（*Epidermis*）、真皮（*Corium*）和皮下组织层。麋鹿的皮下组织（*Tela subcutanea*）主要是富有弹性纤维的结缔组织，基本上没有脂肪。

图 14-1　雄性麋鹿的眶下腺（张开状态）

麋鹿皮肤的腺体除有汗腺（*Glandulae sudoriferae*）、皮脂腺（*Glandulae sebaceae*）外，雌雄个体均有发达的眶下腺区。麋鹿眶下腺位于眼前下方，非常发达，是鹿类动物中最大的眶下腺，成年雄性麋鹿眶下腺张开时可达 12cm×7cm 长椭圆形凹陷（图 14-1）。眶下腺凹陷处皮肤光滑少毛，颜色淡粉色，凹陷内常可见棕黄色颗粒。在发情期，常可见雄鹿在树干上摩擦该区。

第二节　乳　　腺

麋鹿的乳腺（*Glandulae lactiferae*）在雌雄个体都有乳腺原基发生。雌性乳腺也只在怀孕后期和泌乳期才显膨大，平时乳腺不发育，只能通过乳头认定乳腺所在部位。乳腺位于耻骨部腹下壁，紧贴于腹壁。乳房间沟将乳房明显地分为左、右两半，每半有 2 个乳头，由乳房间隔分开（图 14-2）。雄性麋鹿也有 4 个乳头，位于阴囊前、阴茎两侧的腹壁。

第三节　毛

毛（*Pilus*）是表皮的衍生物，坚韧而有弹性，覆盖于皮肤表面，被毛对皮肤和整个机体都是保护性的构造。麋鹿被毛对机体具有保护、保温、触觉等作用。在唇周围和上眼睑内角，长有较长触毛，具有比较大的毛囊，其毛根具有丰富的神经末梢，感受触觉（图 14-3，图 14-4）。

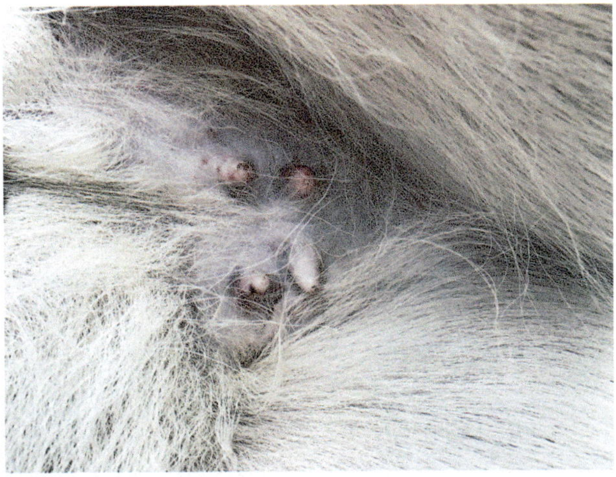

图 14-2　雌性麋鹿的乳头

图 14-3 麋鹿鼻唇周围的触毛

麋鹿被毛一般分为短毛、绒毛和长毛，体表除蹄、枕、角和鼻端等处外，都密生被毛，麋鹿茸表面长满长的柔软卷曲白色细毛。短毛较直较粗，几乎遍布全身。绒毛在麋鹿的被毛中最细，生长在短毛的下层，夹杂在短毛中，尤其是在颈部、躯干部的冬毛中密度很高（图 14-5）。一些特殊部位生长不同的长毛，如嘴唇部的胡鬃（触毛）；眼睑生长的睫毛；颈、胸背部的鬃毛；阴部的阴毛；尾末端的尾毛。

麋鹿的毛有棕色、黑色、白色三种颜色，呈较为固定体位分布。麋鹿的面部毛为黑色和红棕色相间；耳背部毛呈红棕色，内侧为白色；脖子、躯干两侧和四肢外侧为红棕色，冬季雄鹿夹杂黑色长毛；背部的鬐甲部有一条黑色毛带，毛的

图 14-4 麋鹿触毛的毛囊

图 14-5　麝鹿的冬毛（含绒毛）

颜色呈纯黑色；腋下、腹下部、四肢上部内侧的被毛呈白色；尾毛为红棕色和黑色相间的长毛。麋鹿夏毛很薄，一般为红棕色；冬毛较厚，为土黄色，一般由绒毛和粗毛组成。1 周岁后雄性麋鹿颈腹侧、前臂、胸腹下 1/3 处、膝关节至脚后跟的冬季被毛颜色呈黑色长条带状，随着年龄的增长颜色逐渐变浅。而麋鹿在初生时，全身被毛为橘红色胎毛，躯干两侧点缀白斑点（图 14-6）。出生后 1.5 月左右，胎毛退换，白色斑点消失，全身为棕色。

麋鹿的颈、躯干两侧和尾被毛密度最高，腹下部、四肢下部、头等处被毛密度次之，腋下、腹股沟和腿内侧的被毛稀疏。麋鹿毛的密度随季节变化而变化，冬季被毛较高，夏季较低，有利于机体温度调节。

毛有一定寿命，生长到一定时期就会衰老脱落，被新毛所代替，这个过程称为换毛。麋鹿一般在 3 ～ 5 月冬毛脱落更换夏毛，8 ～ 9 月冬毛逐渐替换夏毛。麋鹿被毛的脱换具有一定规律，冬毛换夏毛时不同部位被毛脱落顺序是从额、鼻梁、口部开始，逐渐向头顶部、颈部、四肢、胸腹部、腰背部和尾部延伸。

毛在麋鹿体表按一定方向排列，称为毛流。在身体不同部位，毛流排列形式也不同。在麋鹿某些特殊部位，被毛走向形成多个毛旋，有别于其他动物。一般来说，麋鹿毛旋共有 7 个，分布在颈部（2 个）、肩部（2 个）、肘部（2 个）和腰部（1 个）。麋鹿腰部的毛旋呈逆时针走向；左侧肩胛部和左侧肘部毛旋呈顺时针走向，右侧肩胛部和右肘部毛旋呈逆时针走向；左侧颈部毛旋呈逆时针走向，右侧颈部毛旋呈顺时针走向。一些麋鹿在股内侧或者腹部还有 1 或 2 个毛旋（图 14-7）。

图 14-6　幼鹿体毛

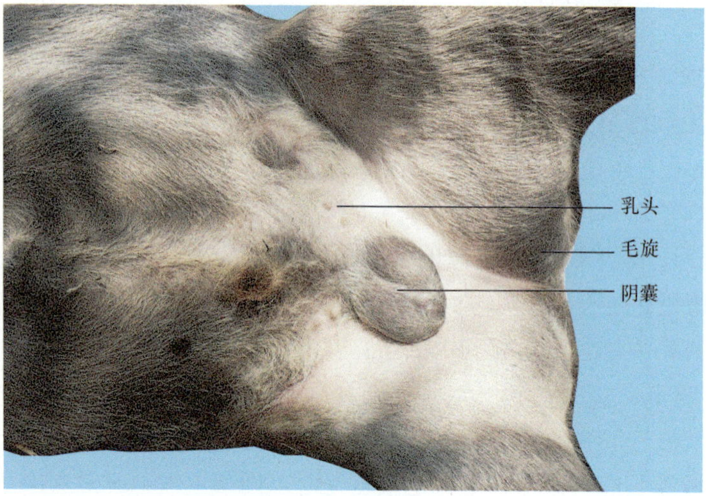

图 14-7　麋鹿股内侧毛旋

第四节　枕、蹄

麋鹿的指（趾）枕为皮肤衍生的特殊结构，位于指（趾）端的掌后方，通常包含在蹄中，又称蹄枕，富有弹性，四肢运动时起缓冲作用，其构造与皮肤相同。枕表皮角化，柔软而有弹性。枕真皮有发达的乳头和丰富的血管、神经。枕皮下组织发达，由胶原纤维、弹性纤维和脂肪组织构成。

麋鹿的蹄是偶蹄，每肢的指（趾）端有两个主蹄和两个悬蹄（图 14-8）。

主蹄位于第 3 指（趾）和第 4 指（趾）的指（趾）端，其形状与远指（趾）节骨相似，似牛蹄，呈三面棱形，也由蹄缘、蹄冠、蹄壁、蹄底和蹄球几部分组成。主蹄直接与地面接触。麋鹿的第 3、第 4 蹄间有像鸭子的蹼一样的皮腱膜（图 14-9）。这特殊的皮腱膜增加了蹄掌的触地面积，在泥泞中行走不致下陷，也有利于麋鹿在水中快速游动，使麋鹿成为湿地沼泽型动物。

悬蹄呈短圆锥状，位于主蹄的后上方，不与地面接触（图 14-8）。悬蹄也分

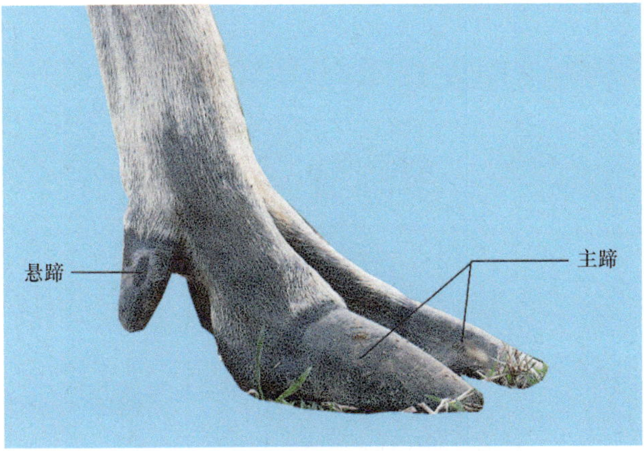

图 14-8　麋鹿的蹄

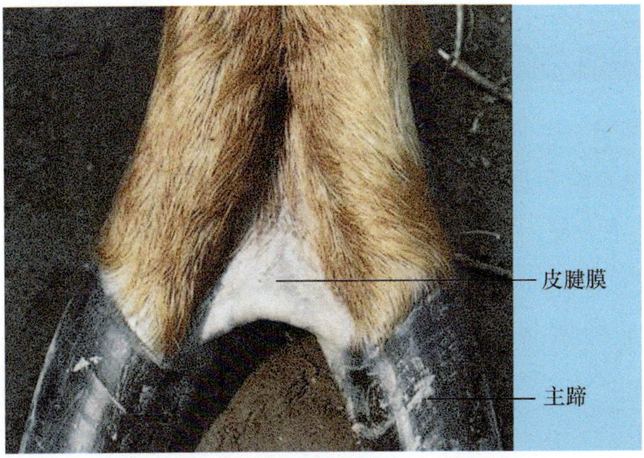

图 14-9　麋鹿蹄间皮腱膜

为蹄角质层、蹄真皮层和蹄皮下组织，内有3个指（趾）骨。

第五节　角（茸）

雄鹿头骨上从额骨突出一对骨质的突起，形状为短柄状，称为角柄，是鹿茸生长的基础。角柄及其包裹的皮肤终生不脱落。约1周岁时，雄性麋鹿的每侧额骨生出一个突起，逐渐生长为角柄和茸角，其表面遮盖着柔软的皮肤，真皮中丰富的血管供给这个构造生长时所需要的养分，角柄上的茸最终长成不分叉的短棍状角（图14-10）。

图14-10　1周岁麋鹿角

麋鹿在2周岁换角以后，重新长出来的茸角开始分叉，分叉数随年龄增长而增加，逐年增加分枝，至5叉后不再分枝（图14-11）。角柄顶端形成环状的角盘，角盘周缘有许多小结节，称为珍珠盘。

从麋鹿角横断面观察，外围致密、坚固，内部为骨松质，中心呈多孔状，一般有两个较大的血管遗迹，其结构与牛、羊等动物的洞角完全不同（图14-12）。

鹿角周期性脱落生长，麋鹿角一般每年脱落一次。不同于梅花鹿和马鹿

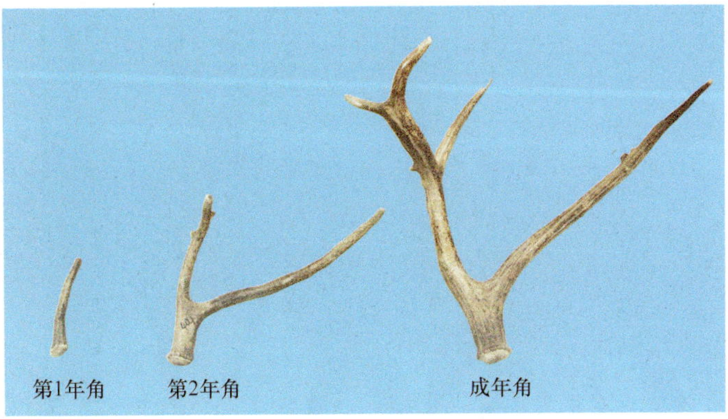

图 14-11　麋鹿的角型

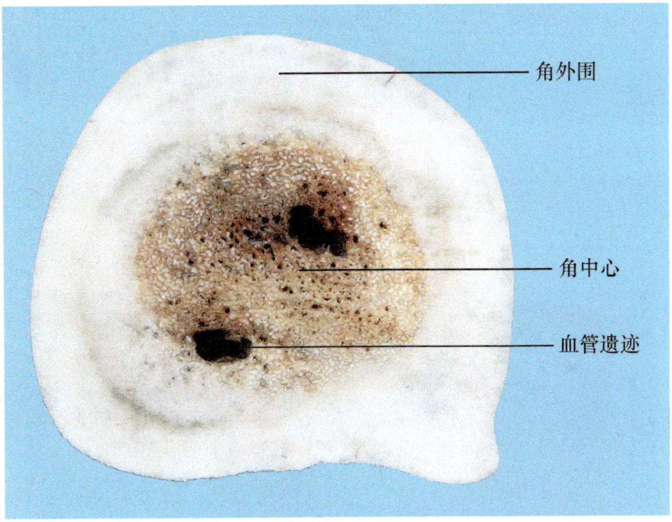

图 14-12　麋鹿角横断面

（在夏季脱角），麋鹿是在冬季脱角（图 14-13）。在北京，麋鹿角一般于 12 月至翌年 1 月脱落，短棍状角可延至初春脱角。近年来，少数麋鹿在夏季脱角也被记录到。

鹿角脱落后，角柄的花盘被周围皮肤覆盖而愈合，不久便新长出鹿茸。刚长出未骨化的鹿角称为鹿茸。鹿茸是幼嫩的角，柔软，被覆皮肤和被毛，富有血管，剖面呈红色（图 14-14）。麋鹿茸外观灰黑色，长满长绒毛。

麋鹿茸生长成熟并完全骨化，4～5 月茸皮肤脱落，形成鹿角。麋鹿茸长大后，便围绕其基部出现一环状沟，以致截断供给皮肤的血液，于是茸皮肤干燥、破裂，经过摩擦角上的皮肤剥落，使角裸露出来（图 14-15），最终呈现坚硬的骨质角。

图 14-13 麋鹿冬季脱角

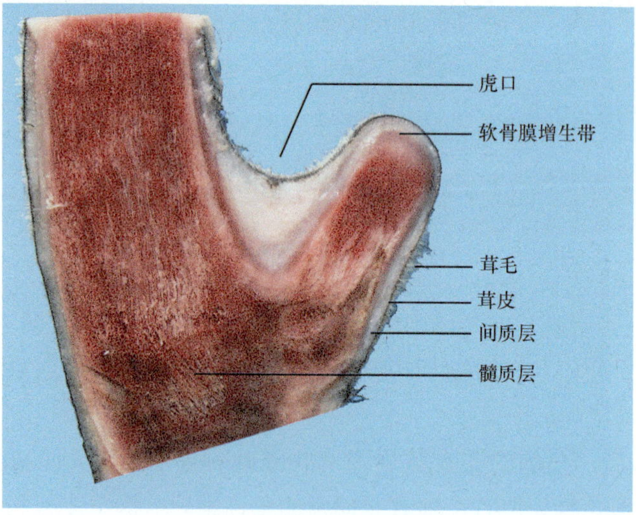

图 14-14 麋鹿茸纵剖面

鹿角脱落之前，角柄和鹿角之间发生变性，角的茎部骨组织变得疏松，最后角在重力或其他外力作用下脱落，之后角柄周围皮肤将此区遮盖而愈合，新的鹿角（茸）又开始生长。

图 14-15　麋鹿茸皮脱落

参 考 文 献

白加德. 2014. 麋鹿生物学研究. 北京: 北京科学技术出版社.

曹克清, 邱莲卿, 陈彬. 1990. 中国麋鹿. 上海: 学林出版社.

陈耀星. 2002. 动物局部解剖学. 北京: 中国农业大学出版社.

陈耀星. 2010. 畜禽解剖学. 3版. 北京: 中国农业大学出版社.

程志斌, 刘艳菊, Maria Boyd, 等. 2015. 世界麋鹿种群数量及分布状况调查研究//刘艳菊. 麋鹿与生物多样性保护国际研讨会论文集. 北京: 北京科学技术出版社: 30-38.

丁玉华. 2004. 中国麋鹿研究. 长春: 吉林科学技术出版社.

丁玉华. 2017. 达氏麋鹿. 南京: 南京师范大学出版社.

董长生. 2015. 家畜解剖学. 5版. 北京: 中国农业出版社.

蒋志刚, 李春旺, 曾岩. 2006. 麋鹿的配偶制度、交配计策与有效种群. 生态学报, 26(7): 2255-2260.

雷治海. 2015. 动物解剖学. 北京: 科学出版社.

李坤, 陈颀, 张林源, 等. 2011. 麋鹿头骨的解剖学特征描述. 四川动物, 30(5): 784-785.

马克勤, 郑光美. 1985. 脊椎动物比较解剖学. 北京: 高等教育出版社.

马仲华. 2010. 家畜解剖学及组织胚胎学. 3版. 北京: 中国农业出版社.

盛和林. 1992. 中国鹿类动物. 上海: 华东师范大学出版社.

谭邦杰. 1982. 麋鹿回到北京以后. 大自然, 4: 21-23.

杨戎生, 温华军, 李鹏飞. 2007. 麋鹿重返自然之路//夏经世. 麋鹿还家二十周年国际学术交流研讨会论文集. 北京: 北京出版社.

于洋, 郭伶, 李丽, 等. 2013. 特种经济动物解剖学. 沈阳: 辽宁科学技术出版社.

钟震宇, 张林源, 夏经世, 等. 2008. 雌性麋鹿不同年龄阶段的生长发育. 四川动物, 27(5): 907-909.

Ashdown RR, Done SH. 2012. 反刍动物解剖学彩色图谱. 陈耀星, 等, 译. 北京: 中国农业出版社.

Beck BB, Wemmer C. 1983. The Biology and Management of an Extinct Species: Père David's Deer. Park Ridge, New Jersey: Noyes Publication.

Hillson S. 2012. 哺乳动物骨骼和牙齿鉴定方法指南. 侯彦峰, 马萧林, 译. 北京: 科学出版社.

Hofmann RR. 2007. Structural characteristics and morphophysiological adaptations of the digestive system of Père David's deer, the Milu, *Elaphurus davidianus*//夏经世. 麋鹿还家二十周年国际学术交流研讨会论文集. 北京: 北京出版社: 108-118.

Jiang ZG, Li CW, Zeng Y, et al. 2004. "Harem defending" or "challenging": alternative individual mating tactics in Père David's deer under different time constraint. Acta Zoologica Sinica, 50: 706-713.

Jiang ZG, Yu C, Feng J, et al. 2000. Reintroduction and recovery of Père David's deer in China. Wildlife Society Bulletin, 28: 681-687.

Jones WF. 1951. A contribution to the history and anatomy of Père David's Deer (*Elaphurus davidianus*). Proceedings of the Zoological Society of London, 121(2): 319-370.